U0166670

轻松减糖

哈雪了　著

中国纺织出版社有限公司

序

在家也能有在法式餐厅吃饭的感觉！

从小我就对自己的穿着打扮很有见解，对于美学也都一直很有想法，在所有学科中，美术一直是我的强项。然而除了艺术外，我也很喜欢手作料理，因为自小耳濡目染奶奶及妈妈的好手艺，在高中的时候，烘焙还没像现在这么盛行，我就喜欢到家附近的烘焙坊中寻找、翻看制作甜点的食材与书籍，也在那时买了人生中的第一个电动打蛋器，为的就是要把黄油打发起来。

大学到了法国留学，一开始住进法国厨艺学院教授的家里，"法国爸爸"每天都会展现他的好手艺，让我品尝到地道的法式佳肴。虽然每天晚餐都要花至少两小时在饭桌上听着听不懂的语言，但也因为实在太好吃，而且一定会用甜点来收尾而心甘情愿。其他同学晚餐虽然可以快快吃完就去做自己的事，但他们还是很羡慕我每天的伙食！因此后来在外住宿时，我自己打理三餐，外国同学觉得好奇，进而结交到许多不同国家的朋友，也了解到各国不同的饮食文化与风情，对异国料理更是情有独钟！

几年前北非小米在台湾还没有畅销时，偶然在国际美食展看到，兴奋地买回家煮给我先生吃，他问我为什么要把小米粥煮成干的？尽管我们的饮食习惯与喜好不同，他还是非常乐意尝试，也欣然接受和赞美，只是偶尔会有大跌眼镜的情况发生。

　　然而在小孩出生后，随着年龄增长、工作忙碌、缺乏运动、中午外食等原因，使得先生的过敏症状更加明显，也因为孩子遗传了先生的过敏体质，所以我更加注重饮食的品质。我一直都很希望让他们吃进身体里的是"食物"，而不是"食品"，对从小喜欢吃妈妈煮的食物的小孩来说是很容易，但对改变一个已年过三十的人来说，我知道还需要些时间。

　　这本食谱融合了一般人的饮食，小朋友吃的食物，以及我自己从低糖饮食晋升到生酮饮食的做菜方式，尽量都使用天然无人工添加剂的调味料来烹调食材，目的就是希望能让家人吃得更健康，让孩子避免摄取过多的糖而影响成长发育。

　　料理没有想象中的难，只要有心，不论是想为家人，还是为自己，你也能像我一样，不仅吃得更健康，也可让餐桌料理拥有像在法式餐厅吃饭的感觉！

Rachelle 哈雪了

一个人到一家人的减糖生活

从小我就不爱吃饭，尤其是只要煮得有点软的饭，我就无法入口，甚至会吐出来。也许是因为口感上的挑剔，使我在成长的过程中，一直对饭都兴味索然，但对精致淀粉类——好吃的蛋糕、冰激凌都无法抗拒！所以我的身材也算不上令人羡慕的纤瘦型。除了在二十几岁时的刻意节食减肥，以及无所不用其极的运动下，让我的体重出现了人生最开心的瘦身巅峰49千克，身高172厘米的我，在当时体质指数（BMI）也只有16.6。

好景持续了好几年，慢慢将自己的体质转为不易胖体质，直到我怀孕时，一切都随着宝宝的喜好而改变了！一路无止尽开心的吃着，让我在产前最后一刻站上体重秤时，看到了一个不可置信的数字——89.5千克。虽然没有罹患妊娠糖尿病，也在宝宝出生后体重就降到76千克，而从怀孕到生产完后，先生还一直跟我说这样很美，怀孕及产后会胖是正常的等话语来哄骗我。可是自己面对自身的丑态却是难以接受，尤其是邻居一直以为我又怀了第二胎，肥胖让我长期处于忧郁状态，也越来越不自信，这些使我的减肥斗志再度燃起！

因为先生和小孩是过敏体质，所以我一直对料理的添加剂与食材的来源很重视，再加上经常出现的食品安全问题，让我更坚守晚餐一定要在家吃的原则。我在烹调时，有人工添加剂或反式脂肪的调味料尽量不用，也尽可能地减少糖的用量。

如果你也想让自己或家人吃得更健康，想慢慢实行减糖生活，可以试试以下的方法。

- 先试着将平常料理中的糖去掉，如果真的要使用糖，可以用冰糖或黑糖代替。

- 调味料尽量选取无添加化学成分、碳水低的调味料使用。很多酱料其实可以自己试着动手做，并不会太难。如果想增添菜品的风味，也可酿制天然的腌制品来变化味道。只要食材新鲜，单纯的调味就会很好吃。

- 如果你不太会烹调，试着找一款低钠盐、一款无糖酱油，作为肉类料理的好帮手。

- 不要在家中存放含糖的饮料，每天都以温水为主，如果天气真的很热也不要喝冰的水，尽量以凉白开为主。

- 不要吃过甜的水果，水果的含糖量其实很高，只要蔬菜量摄取足够，水果并不用天天吃。

- 吃完东西后的30分钟不要坐着，让自己去晒晒衣服或洗碗、和家人一起整理玩具，因为饭后的30分钟正是减掉脂肪的关键时间。

- 如果你是一个每天都想吃甜点的人，让自己从每天一次减到三天一次，进而减到一个星期一次。

- 不吃东西只会降低基础代谢率，流失的水分大过脂肪，为自己设定一个目标，不要天天量体重，一个星期量1 ~ 2次。

　　我的先生是无法实施生酮及低糖饮食的人，并不是因为他不想做，而是所处的环境无法实行。我的孩子因为还小，他的饮食需要均衡，我可以帮他挑选食材及把关糖分的摄取量，避免过多的饼干、糖果、精细淀粉类食物、含糖饮料、土豆片、油炸食品。至于我自己则是在执行低糖饮食时，会将每餐的碳水化合物压缩在约20克；进行生酮饮食时，会将一天的碳水化合物控制在10克左右，有时候我也会"破酮"，也有放纵日，这些都必须根据你自己的身体状况来执行。目前实施这样的循环，我已成功瘦到57千克、BMI 19.3，但距离我的目标还有一段距离。我只想说，没有任何一种饮食方式绝对适合谁，只有你最了解自己的饮食习惯与体质，试着找出最适合自己的方式。

　　如果减糖有些困难，那么就从选好的糖开始吧！

目录

 第一章
肉类料理

牛肉处理、分装与保存

牛肉料理

鸡肉处理、分装与保存

鸡腿肉料理

15	16	17	18	19	20	21	22	23	24	25	26	27	28	29	30	31

宝物体重 _____ 减轻后体重 _____

羊

第二章
海鲜料理

第三章
烟熏料理

第四章

水果、蔬菜料理

第五章

面包与贝果、奶酪料理

第六章

创意料理

说明:

1.本书所列菜谱做法下的图片左上角序号与做法步骤对应。

2.热量的国际单位是焦耳,生活中多用卡路里(卡)来表示,1卡=4.19焦耳,本书中热量
单位使用卡路里。

减糖生酮饮食Q&A

食品科学博士　陈小薇

Q 什么是减糖？平常吃的糖也是糖吗？

A 在回答什么是减糖这件事情之前，首先为大家介绍食物中的营养素，主要分为碳水化合物、蛋白质、脂类、维生素、矿物质和水，其中碳水化合物就是糖类，糖类又可分为单糖、双糖和多糖。

　　不同种类的糖常常让大家难以区分，以下是简单的区分方式：单糖和双糖是指尝起来有甜味的糖类，如葡萄糖、麦芽糖等；葡萄糖是糖类分解后，可以被人体细胞吸收用来提供能量的主要形态，进入人体后也能以肝糖元的形式储存于肌肉和肝脏中，又或者再经由生化途径转化成脂肪来储存能量。

　　所谓减糖是减少饮食中的糖类。本书中所提到的总糖分，则是碳水化合物扣除不被人体消化吸收的膳食纤维所得的数值，也被称为净碳水化合物。

总糖分=碳水化合物－膳食纤维

小贴士

　　进行减糖饮食的糖类尽量选择全谷物。全谷类食物是一群未经精细化加工处理，仍保留完整组成的谷物，富含膳食纤维、B族维生素和维生素E、矿物质、不饱和脂肪酸、多酚类、植化素等。全谷类食物也不易造成血糖大幅度波动，属于低升糖的食物类别，避免胰岛素因为血糖急剧上升而瞬间大量分泌，反而让血糖值瞬间过度下降，再次产生饥饿感，造成恶性循环。因此，摄取全谷物可改善代谢，有助于控制体重，全谷物如糙米、燕麦、黑米、玉米、红豆、黑芝麻、大豆、高粱、小米、荞麦、薏米等。在进行减糖饮食的时候，建议把精制糖的摄取降到最低，尽可能选用全谷杂粮类作为糖类的来源。

Q 均衡饮食、减糖饮食（低糖饮食）、生酮饮食有什么差别？一天的摄取标准分别是多少？

A 依据流行病学统计结果，建议的三大营养素占热量比例适宜的是：蛋白质10%～20%、脂类20%～30%、碳水化合物50%～60%，作为每日饮食分配参考。而这个饮食建议，正是均衡饮食的参考范本。根据营养素在每日摄取中的热量占比，可以分为均衡饮食、减糖饮食（低糖饮食）、生酮饮食等不同的饮食形态。

　　以总热量1500千卡推算各饮食中所摄取的糖类，建议均衡饮食一天的糖分为

175.5～225克；减糖饮食一天的糖分为75～150克，每日摄取最低不少于50克；生酮饮食一天的糖分为18.75～37.5克。

三大营养素比例	均衡饮食	减糖饮食（低糖饮食）	生酮饮食
碳水化合物（糖类）	50%～60%（175.5～225克）	• 20%～40%（75～150克） • 每日糖类摄取最低不少于50克，约13.3%	5%～10%（18.75～37.5克）
蛋白质	20%～30%（33.3～50克）	20%～35%（75～131.25克）	20%（75克）
脂肪	20%～30%（33.3～50克）	25%～40%（41.67～66.67克）	75%（125克）

* 以总热量1500千卡推算各饮食中所摄取糖类、蛋白质、脂肪的重量。
每1克糖类平均产生4千卡热量、每1克蛋白质平均产生4千卡热量、每1克脂肪平均产生9千卡热量。

建议一天的总糖分摄取标准

• 低糖(高蛋白)饮食：总糖分每日少于130克，或是少于26%热量百分比。
如果想达到瘦身的效果，可把每日的总糖分控制在50～60克。
• 生酮饮食：总糖分每日25～50克，或是少于10%的热量百分比。

Q 减糖、生酮饮食的蔬菜和肉类该如何摄取？

A 减糖、生酮饮食中蔬菜与蛋白质的摄取顺序非常重要，先蔬菜后肉类。先摄取蔬菜获得大量的膳食纤维，可以进一步延缓糖类的消化吸收，稳定血糖，避免因为血糖急速升高，人体迅速分泌胰岛素，引起饥饿感，反而想吃更多东西。饮食中的肉类则是蛋白质主要的来源，能增加体力与耐力外，还可作为帮助修复肌肉组织的原料来源。

以健康成年人为例，要维持人体正常的新陈代谢与肌肉细胞发育，每日饮食中每千克体重需摄取0.8～1.2克蛋白质，运动者则可以提高到每千克体重1～2克蛋白质。也就是说，1位体重50千克的成年人，每天适量的蛋白质摄取应控制在40～60克，有运动习惯者为50～100克。

Q 减糖、生酮饮食的油脂该如何摄取？

A 现代人总是谈油色变，担心油等于脂肪，进入人体后，变成脂肪堆积在身上，其实精细的淀粉转化成脂肪囤积的概率比摄取健康油脂来的高；而脂肪在人体内除了作为热量储存之外，还能帮助脂溶性维生素A、维生素D、维生素E以及维生素K的吸收，带来较长时间的饱腹感，所以**只要挑对好的油脂，就不用担心脂肪对健康的影响。**

脂肪按结构可分为饱和脂肪酸和不饱和脂肪酸，一般油脂都含有不同比例的脂肪酸，室温下呈白色固态，就是饱和脂肪酸比例较高，如猪油、椰子油；如果室温下呈现透明液态，就是不饱和脂肪酸比例较高，如橄榄油、葵花油，而不饱和脂肪酸主要有ω-9、ω-6、ω-3，其中的ω-3有助于释放褪黑素，可以减轻焦虑，改善睡眠，我们可以从食物中的三文鱼、坚果、牛油果、豆制品中摄取补充ω-3，**建议油脂摄取可以选用不饱和脂肪酸比例较高的健康好油！**

Q 进行减糖饮食的时候，淀粉、水果、甜点等含糖高的食物可以吃吗？

A **进行减糖饮食的时候，所有类型的食物都可以吃，只是要注意分量，以及摄取的时间。** 淀粉类食物选择五谷杂粮为佳，如糙米、带皮地瓜或带皮土豆等，尽量安排在早餐或是午餐食用。含高糖的食物尽量避开安排在同一餐，不然糖分很容易超出控制。水果建议在午餐前食用完毕，甜点通常糖分较高，可以安排在有运动的时候，让运动帮助消耗！营养师建议运动前一个小时补充一些好消化的糖类点心，而运动后可摄取300千卡左右（糖类∶蛋白质约3∶1或4∶1）的轻食，帮助身体修复以及恢复疲劳，饮食计划搭配合理的运动，更能弹性且开心地享受食物！

Q 生酮饮食的食材该如何摄取？

A **生酮饮食主要的能量来源是脂肪，所以避免高糖与高糖的食材，否则容易超过饮食的控制量。** 以下是在食用时需注意的食材。

- **含糖**：碳酸饮料，如汽水、各类果汁、奶昔及冰激凌、糖果、果酱、蜂蜜、枫糖、含糖糕点，避免摄取。
- **全谷杂粮类**：白米饭、面食、水饺、意大利面、玉米片、麦片、土豆、红薯、糙米等，优先选择优质的非精细淀粉作为补充，但要计算好摄取量。
- **水果**：除了低糖的牛油果、番石榴、草莓、蓝莓、覆盆子等之外，其他水果皆含有不少糖。但是水果含有人体所需要的维生素及矿物质等，能帮助代谢，因此建议适量摄取，食用前请确认含糖量，注意摄取量以及尽量挑选低糖的水果。

Q 减糖饮食一日三餐如何搭配才合适？

A 把握大原则，先计算出一日所需的总糖量，总糖量三餐的分配比例建议为：早餐：午餐：晚餐 = 3：2：1，让需要大量能量的白天时段，有充足的糖类提供能量。

- 丰盛营养的美味早餐。早餐基本组合，全谷杂粮类、优质蛋白质加上水分补给。如现打蔬果汁或是牛奶，可以提供碳水化合物及水分，搭配新鲜水果补充微量元素，微量元素包括维生素以及矿物质，能够调节细胞机能，利用优质的蛋白质有效提升体温，提高身体代谢，如水煮蛋、豆腐、乳酪，早餐后也请预留足够的时间，养成固定排便的习惯，防止发生便秘，造成毒素累积！

- 健康均衡的活力午餐。经过4小时活动后的午餐，必须补充因活动而代谢的营养，减糖饮食请以多蔬菜、优先搭配鱼肉为主，猪瘦肉、牛瘦肉为辅，主食部分可以选择高纤地瓜饭、混入黄豆的黄豆饭、糙米饭、五谷饭，补充膳食纤维、植物生化素、B族维生素等，饭后适量摄取水果，让饮食丰富多元。

- 维持动力的低负担晚餐。因为消化需要3 ~ 4个小时的时间，建议临睡前3个小时完成晚餐的进食，才不会对于睡眠品质造成影响。如果很晚才吃晚餐，避免多油、多盐、多辣的重口味食物，否则会造成消化不良。

- 建议加班的时候，准备一些减糖轻食，搭配含有蛋白质、钙的乳酪或乳酪片。

食品包装上的营养标示怎么看？

营养标示		
每一份量170克 本包装含3份		
营养成分	每份	每100 克
热量	360千卡	212千卡
蛋白质	9.7克	5.7克
脂肪	11.4克	6.7克
饱和脂肪酸	3.4克	2.0克
反式脂肪酸	0.0克	0.0克
碳水化合物	54.9克	32.3 克
糖	1.5 克	0.9克
钠	445 毫克	262毫克
膳食纤维	5.5克	3.2克
其他营养素含量	毫克、 克或微克	毫克、 克或微克

食品营养标示的表示方式如左表，进行减糖饮食或是对饮食有所控制，可以看热量、蛋白质、脂肪、碳水化合物、糖、膳食纤维，利用这些进行简单的运算，**碳水化合物－膳食纤维＝总糖**，作为减糖饮食中糖类的摄取数值评估。以左表为例，碳水化合物（54.9克）－膳食纤维（5.5克）＝糖类（49.4克）。**热量部分需要注意总热量必须满足基础代谢率，尽量选择糖分较低的食物来源。**

Q 基础代谢率是什么？进行减糖、生酮饮食需要注意吗？

A 基础代谢率（basal metabolic rate, BMR）是指在正常温度环境中，人在休息但生理功能正常运作，维持生命所需要消耗的最低能量。基础代谢率会因年龄的增加而降低或是因为身体肌肉量增加而增加。**进行减糖、生酮饮食一定要满足基础代谢率的总热量需求**，如果低于基础代谢率，聪明的身体会判断为遭遇饥荒、粮食匮乏的状态，启动身体防御机制让基础代谢率再降低，减少能量的损耗输出！测量基础代谢率需要禁食，所以后来就以公式计算的基本能量消耗（basal energy expenditure, BEE）取代基础代谢率，按照不同的身体指标有不同的计算方法。以下依照体重、身高、年龄的计算，此推算法常被作为健身的建议。

基础代谢率公式

基础代谢率男、女有差别

BMR（男）＝［13.7×体重（千克）］＋［5.0×身高（厘米）］－（6.8×年龄）＋66

BMR（女）＝［9.6×体重（千克）］＋［1.8×身高（厘米）］－（4.7×年龄）＋655

举例来说，体重60千克、身高160厘米、年龄28岁的办公室女性
BMR＝（9.6×60）＋（1.8×160）－（4.7×28）＋655＝1387.4

Q 进行减糖饮食时，如何跟家人同桌吃饭？料理该如何准备？

A 减糖饮食主要是分量上的调整，建议依照均衡饮食的比例给家人准备，自己的部
分则减少碳水化合物（糖类）的占比，用蔬菜补充不足的部分。

Q 减糖、生酮饮食会发生便秘吗？

A 进行减糖、生酮饮食务必注意蔬菜摄取量要充足，因为蔬菜含有大量的膳食纤维，
膳食纤维能够让水分在肠胃中附着和留存，让粪便柔软易于排出，也能吸附有毒
物质，并且减少有毒物质接触胃肠道的时间，有效保持胃肠道健康。在摄取膳食
纤维的时候，也要记得多补充水分，才能更好地发挥膳食纤维保留、吸收水分的
作用，促进肠胃蠕动，避免便秘的发生。

　　另外，进行减糖饮食的人常常会希望少点油脂和热量，反而不敢摄取足够的
油脂，但是因为油脂具有饱足感及润滑肠道的作用，所以请务必在饮食计划内摄
取充足，也能让一些脂溶性维生素顺利被人体吸收！

　　而进行生酮饮食的朋友，因为饮食中脂肪比例高，要特别注意维生素与矿物
质的均衡摄取，如维生素C、矿物质镁等，可以通过补充肠道益生菌等，来保持肠
道健康。

Q 减糖、生酮饮食的注意事项

A 生酮饮食起源于小儿癫痫的治疗，医护人员将饮食中的碳水化合物移除后，发现
癫痫的孩子不再发病，甚至逐渐可以不需要服药控制。随着研究目标的多元进展，
生酮饮食逐渐在肥胖、肿瘤、糖尿病、心血管疾病等领域有一些新的发展潜力，
但是尚需进一步论证和实验，还需要时间验证生酮饮食真正的作用。

　　在进入生酮之前，人体会由燃烧糖类作为供能的模式，转变为燃烧脂肪作为
供能的方式，但是转变之间有一段过渡期，需要随时监测身体状况，并且进行记
录。部分朋友会因为转换期的模式切换，出现一些不适症状，包括口臭、疲劳、
频尿、头晕、血糖骤降、便秘、身体极度渴望摄取碳水化合物、肌肉酸痛、头痛、
腹泻、放屁、睡眠质量不好、情绪波动大等。

在传统饮食模式下人体是以葡萄糖作为主要能量来源，以下则是在生酮或低糖的饮食框架下，可能会遇到的状况，应予以注意。

- 生酮饮食：碳水化合物每日25 ~ 50克，或是少于10%热量百分比，占比极低的碳水化合物，营养注意事项是转换期间为大脑提供能量的葡萄糖会不足，部分人会因此有睡眠问题。另外，转换期间如果摄取过多的咖啡因，会造成低血糖反应，引起身体对碳水化合物的渴望。如果身体开始摄取碳水化合物，就会恢复原状，但是生酮效应将会被中断。

- 低糖饮食：碳水化合物每日少于130克，或是少于26%热量百分比，相对于生酮饮食风险较低，饮食摄取上需要补充足量水分、膳食纤维，避免便秘发生，以及消除蛋白质的代谢产物。

小贴士

并非每个人都适合进行生酮饮食，如果想要进行生酮饮食及正在进行生酮饮食的人，请务必找专业的医生诊疗，进行全面的身体评估，规划安全且适合自己的生酮饮食方式。

Q 哪些人、哪些情况不能进行减糖、生酮饮食？

A
- **特殊营养需求：怀孕及哺乳的妇女，以及生长发育中的孩子**
怀孕及哺乳期间，营养除了供应母体本身之外，还需要额外满足胎儿所需及哺乳婴儿，所以不建议进行减糖饮食。生长发育中的孩子因为身体需要大量的营养和能量，提供足够多元的营养素才能长高、长壮。

- **特殊疾病：糖尿病、肾脏系统疾病、心脑血管疾病**
减糖饮食中，因为糖类占比减少，蛋白质及脂肪占比会相对提升，对于有特殊身体状况的朋友，容易造成消化代谢上的负担，需要寻求专业医生咨询，评估后才能进行适合的饮食规划。

有效利用超市食材的方法

如果从超市购买大分量的食材，只要妥善分装及保存，不仅能省钱，也省去了购买食材的时间！购买回家，趁食材都很新鲜的时候，就立即分装好放进冷冻室保存。首先，将食材分成"立即料理"及"需要冷冻保存"两大类。

如何处理

立即料理
马上就会使用到的食材，如今天的晚餐和明天要用的原料，就能先放置于冷藏室保存，也可先将所需的肉类料理腌制好，隔天就能立即使用。

需要冷冻保存
在分装保存的时候，可依个人及家庭一次所需的量来进行分装，不仅在料理时更加方便，也能更精准，不浪费食材。生食可保存2～3星期，熟食可保存约1个月的时间。

如何分装保存

分切、分装成小袋
超市买来的大分量食材，最重要的就是要做好分切、分装的工作。依照每次烹调的用量或家庭成员数来决定分切、分装的量。

调味、加热
可以将肉类调味，让食材入味，同时也能缩短之后料理的时间。分装完成后，再冷冻保存，不仅味道能慢慢渗入，且肉质也会变软。另外，可先将煮好的食材放凉后，分装冷冻保存，要食用时只要再加热即可，非常方便！

食材平放保存

食材放入保鲜袋后，将食材压平摆放，不仅能减少融化的时间，也能更充分地利用冷冻室的空间。

袋内空气要排出

食材压平后，记得将保鲜袋内的空气排出，这时可使用真空包装机，或是利用吸管将空气吸出。

保鲜袋上标注食材名称及保存日期

除了方便确认保鲜袋内的食物，还方便我们在保存期限内将食材使用完毕。

如何解冻

需要解冻食材的时候，最好的方式是在前一晚从冷冻室中将明天所需要使用的食材移至冷藏室低温解冻。假如忘记或临时需要使用冷冻的食材，最好的选择是使用解冻节能板来解冻，才不会造成食材过度出水，影响品质。如果是熟食或料理包，可直接加热或以微波加热，无须解冻。

料理常用器具

电子秤

需要称量食材时所不可缺少的厨房必用品，建议购买能测量到0.1克这种精度的电子秤，方便烘焙时所需较精确的克数。

一般用量杯

在料理时可以直接而清楚地看到所需的毫升量。

烘焙专用量杯

可直接量取所需的量。

量匙

本书中所提供的食材量为一般量匙基准，1大匙为15克、1小匙为5克、1茶匙为2.5克，量匙虽不及电子秤来得精准，却也是料理中的好帮手，建议烘焙时使用电子秤较为准确。

刀具

由左至右：
- 一般万用刀，可用来把菜切成片、块、丁或碎末，是厨房的必备刀款。
- 肉类专用剁刀，可较轻易地将肉或鱼分切或剁碎。
- 中小型利刀，可用来分切水果。
- 小削皮刀，可用来削皮或精确处理的刀具。

擀面棍、木汤匙

- 除了在烘焙时使用擀面棍擀面皮外，也可利用擀面棍来将装有食材的密封袋的空气排出，或是在敲碎核果类时使用。
- 木汤匙在制作酱料类，如果酱、奶酱等都需使用。

锯齿刀

锯齿刀适合用来切开面包类制品，也可切蛋糕或有果皮的水果。

耐热硅胶刷子

购买厨房刷具时，最好购买具有耐热效果的安全硅胶刷具，在料理或烘焙时若食品是热的，才不会产生刷头融焦或有食品安全上的隐患。

刨丝器

刨丝器有大小洞口不同等多种选择，可依照个人习惯来购买。

削皮器

厨房必备品，建议购买不锈钢材质，使用起来既方便又不怕滋生细菌。

夹子

厨房必备品之一，不论在料理或是煎煮时，都是最佳的小帮手。

烘焙用刮刀

在烘焙时必备的厨具之一，可轻易地将食材不浪费的全刮下来。

大小滤网

可购买不同大小粗细度的滤网，在处理食材上更方便。大滤网具有固定边环的，可用来过滤掉不要的食材水分；小滤网则是在撒上粉类时的必需品。

不锈钢可夹式油炸温度计

油炸式笔型温度计最高温度可达300℃，使用时更安心，油温或肉品（如烤鸡），或是制作酱料、打奶泡时的温度都可精准显示。

解冻节能板

如果真的没时间又需料理食材时，可利用解冻节能板来代替泡水快速解冻，能保持食材的新鲜度。

厨房砧板

厨房砧板必须将生食类与蔬菜、水果、熟食类都区分开，使用起来更安心，也不会有异味残留。

蔬菜脱水器

在清洗完蔬菜需除去多余水分的必需品，可避免因多余的水分而影响口感，平时也可拿来作为蔬果沥水篮。

防烫万用取碗夹

在拿取加热或蒸煮完的碗盘时，避免烫手或避免因热气造成烫伤的好帮手。

不锈钢打蛋器

厨房必备的打蛋器，制作简易烘焙时不可或缺的搅拌好朋友。

手持型电动搅拌器

制作打发淡奶油，或打发鸡蛋的好帮手，也可用来制作浓稠绵密的浓汤。

升降式搅拌机

可快速打发淡奶油、鸡蛋等，在制作较大量食材时的最佳工具，也可用来打面团或搅打肉类制品。

不锈钢抹刀

能将黄油或酱类更平顺均匀地涂抹于食物上。

冷冻密封保鲜袋

能有效地将食材密封于保鲜袋中，在分装保存食物时可保鲜，不占冷冻空间，且可重复使用（清洗干净后自然风干可再利用）。

烘焙专业用纸

除了在制作烘焙时会使用到的烘焙纸，也可以用来包裹油炸品，或是野餐外带出门包裹食物。

调味料大集合

调味料就是在料理食物时所添加进去加强味道的食品，其实如果食材新鲜，按照现代人更注重饮食健康的原则，更希望能用简单的调味料来衬托出菜品的风味，而我本身在烹调时也不喜欢用太多添加剂的调味品来料理。以下介绍一些书中所使用到的调味料。

McCormick研磨黑胡椒粒

McCormick 研磨黑胡椒粒的产地为印度，不仅带有天然的松木气息，在研磨后更能释放出强烈的黑胡椒香味，这就是本书中所指的现磨黑胡椒。

Kirkland Signature科克兰喜马拉雅山粉红盐

号称不含任何人工色素及添加物的现磨喜马拉雅山粉红盐，是在本书中所提到的现磨玫瑰盐，在烹煮上都能为食材带来绝佳的风味。请注意本盐不含碘，所以家里还要有基本的含碘盐搭配使用。

第一名店日本香菇酱油露

这款日本香菇酱油露，不含任何防腐剂及人工添加剂，所以记得在开封后一定要放于冷藏室保存。这款酱油露属于偏甜的酱油，小孩子会很喜欢。

第一名店味淋

这是一款隐藏版的调味料，没有过多的添加剂，滋味却是出奇好，一样来自第一名店，但是必须碰运气才能买到。

黑龙无添加薄盐酱油

在本书中所提到生酮饮食需更换为无糖酱油的部分，建议可购买这款黑龙无添加薄盐酱油，在一般中大型超市都可购买，相当方便！

日本万能醋

这款日本万能醋也是我们家必备的调料之一，打开后要放入冰箱冷藏保存。在做腌制小菜时，能直接取代盐及糖的添加，也能快速让食材入味，可长时间腌制。

Daisho日式烧肉酱

Daisho日式烧肉酱可是性价比相当高的烧肉酱，绝对是物超所值！里面用大蒜、洋葱、香油、苹果来添加香气，不妨试试与日本香菇酱油露按1：1的比例来作为烧烤酱，风味更好！

Kirkland Signature科克兰摩地纳香醋

这款摩地纳香醋是摩地纳生产，本书中也大量使用巴萨米克醋。

赤藻糖醇

生酮专业用糖，可在网上购买。

Zarotti Anchovies Fillets鳀鱼

由葵花油及盐腌制而成的鳀鱼调味料，也是我们家冰箱常备的调味料之一。由于不含任何糖及碳水化合物，是进行生酮及低糖饮食的必备调味品。鳀鱼本身的咸度就足够了，所以在料理时要再添加其他的盐，可用来烹煮时爆香，也是料理意大利面或拌在沙拉中的好帮手！但对鱼类过敏者须注意。

Chosen Foods牛油果油柠檬蒜味沙拉酱

牛油果油柠檬蒜味沙拉酱不含糖，因此也是生酮及低糖饮食的好朋友。如果单吃或许会觉得有点偏酸，可以试着混合一点马斯卡彭奶酪来降低酸度，也可增添奶酪的奶香。因为不含防腐剂，所以开封后要放置冰箱冷藏保存。另外，拿来做腌料也是一个好选择！

无糖枫糖浆

生酮专用的无糖枫糖浆，可替代一般食谱配方需要的枫糖浆食材。无糖枫糖浆尝起来的味道无法像一般枫糖浆那么美味，但若真的需要使用的话，也可以作为一个替代的选择。

蜂蜜代糖

生酮专用的蜂蜜代糖，可替代一般食谱配方所需要的蜂蜜食材。千万不要认为蜂蜜代糖的味道和一般蜂蜜一样可口，蜂蜜代糖有其特殊的风味。

第一章

肉类料理

嫩牛肩肉

嫩牛肩肉真空包

准备

① 擦拭血水

先用厨房餐巾纸擦拭干净血水。

② 清除脂肪

 ▶

观察一下牛肩肉脂肪分布的地方，用利刀将脂肪切下。

脂肪其实很好切除，有时拉一下会直接撕下来。

③ 处理筋膜

 ▶  ▶

再来处理筋膜的部分。

用刀将筋膜切除，左手辅助牵拉，顺着肌肉纹路小心切起。

可以一次将整片筋膜都切除。

① 切成理想的厚度及大小

牛肩肉正反面都处理好脂肪、筋膜后，可以直接切成自己要的厚度。

分切成适当大小。

② 分切成料理需要的形状

分切成所需要料理的形状，如片状或丝状。

顺着纹路切成牛肉丝，能保留有嚼劲的口感。

左右为不同肥瘦的牛肉丝，依料理所需使用。

分装保存

依料理需求分类

将分切的肉品按使用需求分类，可使用保鲜袋分装保存。

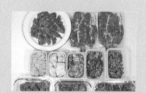

也可以使用不同的保鲜盒分类保存。

写上食材名称和日期，放入冰箱冷冻保存。

2～3周冷冻保存

冷藏低温解冻或用解冻节能板解冻

小贴士

可利用冷冻保鲜袋来储存，不仅可反复清洗，多次利用也相当方便。但要注意拉链保鲜袋不要装过多的食品，不然容易造成拉头损坏。

无骨牛肩胛小排

准备

清除脂肪

市售的无骨牛肩胛小排两块。

首先观察脂肪的分布，使用利刀将脂肪取下，再顺着肉的纹路做分切。

再从右侧将筋膜的部分，顺着肉的纹路使用利刀切割下来。

接着将另一块无骨牛小排不同纹路的筋膜及脂肪部分也切割下来。

分切成自己所需要的形状

将肉品切割成自己所需要的形状，如块状、片状或丝状。而切割成牛排或较大的肉片时，将肉逆着纹路做切割，肉质会较软嫩。

处理牛肉丝的最大技巧就是顺着纹路切割，这样才能保持口感及加热后的外观。

可以将处理好的牛肉切丝，依照每次料理的分量装入食物密封袋，并挤出袋子里的空气，写上食材名称和日期，平放于冰箱冷冻保存。

也可以切成适当大小的牛小排，使用食物密封袋或保鲜盒分类，写上食材名称和日期，平放于冰箱冷冻保存。要料理的前一晚移到冷藏室自然低温解冻。

2～3周冷冻保存

冷藏低温解冻或用解冻节能板解冻

日式牛小排烧肉盖饭

简单又美味的牛小排烧肉盖饭，是家庭必备的快速料理之一，
浓郁的酱汁搭配热腾腾的米饭，大人和小朋友都超喜欢！

1人分量 375克	¼份糖分23.4克 总糖分93.5克	¼份热量228.8卡 总热量915.3卡	膳食纤维 2.6克	蛋白质 27.4克	脂肪 45.6克

食材（1人份）

米饭200克
无骨牛小排100克
清酒10毫升
日本味淋1小匙
烧肉酱1大匙
酱油10毫升
白芝麻10克
姜泥5克
蒜泥5克
食用油1大匙

做法

1. 先将白芝麻炒香。

2. 将姜、蒜去皮后磨泥备用。

3. 取一小平底锅将所有调味料倒入，再放入白芝麻、蒜泥、姜泥，一起炒一下备用。

4. 取另一平底锅，将1大匙食用油倒入已热锅的锅里，接着将无骨牛小排平放干煎。

5. 无骨牛小排翻面时，再将备好的调味料均匀倒入。

6. 稍微翻动一下无骨牛小排，等快要收汁时即可起锅。

7. 把做好的牛小排扣在米饭上，撒上炒熟的白芝麻。

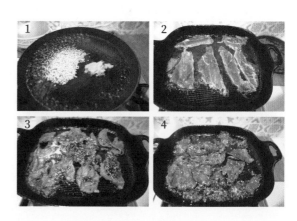

小贴士

干煎的牛小排薄片很容易就熟了，所以翻面时要立刻倒入调味料，这样才能吃到外焦里嫩的牛小排盖饭！

生酮
可食

牛小排烧肉佐魔芋米

有吃生酮的朋友们，只需将烧肉酱及酱油换成无添加黑豆酱油；
饭的部分改为魔芋米，即可轻松满足口欲喔！

1人分量	魔芋米	总糖分	总热量	膳食纤维	蛋白质	脂肪
375克	200克	9.7克	577.3卡	10.2克	22.2克	45.1克

魔芋米做法

1. 将清洗干净的魔芋米煮1分钟，煮好捞起。

2. 取出已煮好的魔芋米后，拌入少许黄油增添风味。

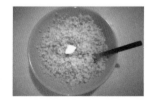

小贴士

魔芋米买回来一定要冲水清洗两次（或以上），不然会有一股腥味！

韩式骰子牛

在某餐厅吃到韩式骰子牛这道菜觉得很特别！

竟然将年糕、松子与骰子牛搭配在一起。松子的香气、软嫩的骰子牛，

再加上弹牙的年糕，实在令人难以抗拒的一口接一口呢！

1人分量	½份糖分17.6克	½份热量224.4卡	膳食纤维	蛋白质	脂肪
166.7克	总糖分35.1克	总热量448.8卡	1.4克	17.8克	26.7克

食材（3人份）

骰子牛肉225克

韩国年糕200克

烘烤好的松子50克

日本酱油1大匙（可更改为酱油
膏1小匙或普通酱油1小匙）

水1大匙

含盐黄油5克

玫瑰盐少许

蒜15克

食用油适量

做法

1. 将平底锅热锅后加入少许食用油，再放入大蒜煎至焦香取出（不吃取香气）。将骰子牛下热锅煎至每面几乎为微焦色，撒一点玫瑰盐，煎大约5分钟。

2. 熄火放上黄油翻炒一下，盛盘静置。

3. 将切好的韩国年糕（一小条切三等份），下原锅翻炒一下，加1大匙水及酱油，继续稍微翻炒至年糕上色。

4. 加入松子及骰子牛肉一起翻炒即完成。

小贴士

煎骰子牛时如同煎牛排一样，为了产生美拉德反应（牛排表面呈现褐色焦黑状），记得锅一定要够热，另外务必要盛盘静置一下，这样才能让骰子牛鲜嫩多汁！

生酮
可食

更多变化

骰子牛沙拉

将煎好的骰子牛做成沙拉也很有风味呢！

可摄取充足的蛋白质和膳食纤维，兼顾健康与美味，更是喜欢生酮人士的好选择！

1人分量	总糖分	总热量	膳食纤维	蛋白质	脂肪
235克	18.4克	408.8卡	1.4克	18克	18克

食材（1人份）

骰子牛100克
有盐黄油5克
玫瑰盐少许
橄榄油少许
生菜100克
菲达奶酪适量
法式油醋芥末籽酱30克
（详细做法请见266页）

做法

1. 准备好法式油醋酱汁。

2. 热锅后放少许橄榄油，将骰子牛四面都煎微焦（依个人喜爱的熟度煎3 ~ 5分钟，撒上玫瑰盐）。

3. 熄火放上黄油翻炒一下，盛盘静置。

4. 将生菜清洗干净并用冰块水冰镇5分钟，再彻底沥干。

5. 将菲达奶酪倒入生菜中拌一下，再放上骰子牛及冰镇好的生菜，淋上法式油醋芥末籽酱即完成。

法式黑胡椒牛排

生酮
可食

1人分量 415克	½份糖分12.1克 总糖分24.1克	½份热量472.7卡 总热量945.4卡	膳食纤维 1.1克	蛋白质 52.3克	脂肪 68.4克

食材（1人份）

牛排250克
橄榄油1小匙
现磨黑胡椒5克
有盐黄油15克
白酒40毫升
淡奶油100克

做法

1. 将橄榄油涂抹在牛排上按摩一下，再将牛排放在黑胡椒上，使其完全附着。

2. 将平底锅烧热，放入黄油并融化。将牛排放入平底锅内，正反面各煎1分钟。

3. 将牛排放置于盘中静置10分钟，使其均匀吸收汤汁。

4. 在原平底锅中倒入白酒，煮沸并搅拌一下，倒入淡奶油均匀搅拌至酱汁浓稠即可。

5. 将炒好的酱汁撒在煎好的牛排上。

小贴士

如果不习惯吃太生牛排的人，可以在做法2后将牛排放入已预热的烤箱中，180℃烘烤3 ~ 5
分钟，再取出静置10分钟即可。

牛肉料理

白芦笋炒牛肉

芦笋不仅有鲜美芳香的气味，更含有人体所必需的各种氨基酸。

白芦笋在市面上比较难买，可在大型超市购买。

1人分量 495克	总糖分 14.6克	总热量 426.2卡	膳食纤维 7克	蛋白质 29.7克	脂肪 26.1克

食材（1人份）

白芦笋3根
蒜头2瓣
牛肉丝100克
有盐黄油10克
玫瑰盐少许
食用油1大匙

做法

1. 取一大碗，放入牛肉丝，加入1大匙食用油，抓匀备用。

2. 将洗净的白芦笋削皮后斜切，将蒜切成末。

3. 热锅后加入黄油，再加入蒜末炒香。

4. 将牛肉丝倒入锅中一起翻炒至半熟。

5. 再将白芦笋下锅，加入少许玫瑰盐一起翻炒至熟即完成。

小贴士

白芦笋一定要削皮才好吃鲜甜，用单一的调味料才能吃到食材的风味！

西红柿炖牛肉

生酮可食

西红柿炖牛肉是餐桌上常出现的经典料理，这次加了李派林乌斯特酱汁炖煮，

不仅增加风味，还能让牛肉更鲜美！

1人分量	总糖分	总热量	膳食纤维	蛋白质	脂肪
306.3克	12.5克	306.5卡	2.6克	20.9克	18.4克

食材（4人份）

牛肉块或牛肋条400克
洋葱半个
蒜头10瓣
西红柿4个
黑胡椒少许
含盐黄油10克
李派林伍斯特酱1大匙
月桂叶2片

做法

1. 将牛肉块（或牛肋条）干煎至上色出油。

2. 待牛肉表面呈现褐色焦黑后，加入切块的洋葱及蒜瓣、黄油一起翻炒。

3. 再加入切块的西红柿均匀的翻炒至出汤汁。

4. 再加入1大匙的李派林伍斯特酱、少许黑胡椒、月桂叶一起焖煮约40分钟。

5. 焖煮时全程用小火，并且不时搅动一下，待牛肉软嫩即可享用。

小贴士

这道料理使用的锅具为炖煮专用的塔吉锅，也可使用铸铁锅或焖烧锅。

健康蔬菜牛筋汤

生酮
可食

嫩牛里脊分切的牛肉会有一大片的筋膜部分，拿来炖煮非常软嫩美味！

这道健康的元气蔬菜牛筋汤，不仅有蔬菜的鲜甜，还有牛肉的醇香。

仅用食盐调味，非常养生！

1人分量 666.3克	½份糖分9.7克 总糖分19.34克	½份热量111.1卡 总热量222.2卡	膳食纤维 3.4克	蛋白质 19.4克	脂肪 7克

食材（4人份）

牛筋膜肉300克
洋葱半个
蒜头5瓣
胡萝卜半根
土豆1个
西芹2根
小葱2根
西红柿2个
姜1块
月桂叶2片
盐少许
自制牛油5克（可用食用油代替）
水1500毫升

做法

1. 将所有蔬菜切成块状备用，西芹叶切碎为最后装饰用。

2. 将牛筋膜肉放至冷水冷锅中，开火氽烫再取出备用。

3. 放入牛油，再将蒜及胡萝卜炒香。

4. 将洋葱与月桂叶倒入一起翻炒。

5. 将西红柿、土豆、西芹、姜片倒入锅内翻炒。

6. 再将牛筋膜肉倒入，加入水至没过食材，大火煮至水开后，捞起杂质，盖上锅盖，小火炖煮约40分钟即可，起锅时加入盐调味，再放上葱花和西芹叶装饰。

小贴士

煮汤的过程中都不要加盐，最后起锅时再加盐调味。先加盐的话，除了蛋白质不易释放外，也会影响汤头甜度，所以无论烹煮任何汤品，都要最后起锅才加盐调味，这样汤才会好喝！

牛肉料理

香煎牛排佐巴萨米克醋

巴萨米克醋的用途非常广泛，

一般除了拿来运用在沙拉的酱汁，它与牛肉及猪肉也十分搭配喔！

1人分量 260克	总糖分 4.7克	总热量 553.2卡	膳食纤维 0.1克	蛋白质 50.2克	脂肪 37.7克

食材（1人份）

嫩牛肩胛肉分切出来的牛排
300克
黑胡椒少许
有盐黄油5克
玫瑰盐少许
巴萨米克醋少许
橄榄油少许

做法

1. 将牛排室温静置约15分钟，再将黑胡椒及玫瑰盐均匀地抹在牛排上，稍微按摩使其入味。

2. 用手掌感受一下锅的温度，确认锅已够热。

3. 放入少许橄榄油，再放入牛排。

4. 将牛排两面煎至自己喜欢的熟度。

5. 要将牛排盛盘前放入黄油使其产生焦香。

6. 静置10分钟后，即可在牛排上撒上些巴萨米克醋，可以搭配沙拉一起享用。

小贴士

冷冻后的牛排如果隔天要吃，最好前一晚就放置冷藏，进行低温解冻。从冷藏室取出的牛排至少放在室温15 ~ 20分钟，煎好的牛排一定要静置10 ~ 15分钟，这样才不会内外温度不同。静置这个动作能让肉汁回流至肉中，切开的时候肉面才会呈现粉红色。

牛肉料理

沙茶牛肉丝炒水莲

水莲不仅口感甜爽还有脆度，含有丰富的膳食纤维及营养素。

水莲除了搭配牛肉丝快炒外，也可搭配猪肉丝、黑木耳、袖珍菇或百合清炒，各有各的风味！

1人分量	总糖分	总热量	膳食纤维	蛋白质	脂肪
132.5克	3.6克	179卡	1.3克	12.9克	10.9克

食材（2人份）

牛肉丝100克

酱油15克（生酮饮食请改用无糖酱油）

米酒15克

白胡椒粉⅛茶匙

沙茶5克（生酮饮食请去除沙茶）

酱油膏5克

食用油2大匙

水莲100克

盐⅛茶匙

姜5克

蒜5克

做法

1. 将牛肉丝与酱油、白胡椒粉、米酒混合，再放入1大匙食用油一起抓匀备用。

2. 倒入适量的食用油至锅内，将姜爆香。

3. 放入腌制好的牛肉丝大火快炒。

4. 牛肉为半熟状态时放入酱油膏及沙茶一起翻炒。

5. 放入水莲、蒜及盐，迅速翻炒约30秒即完成。

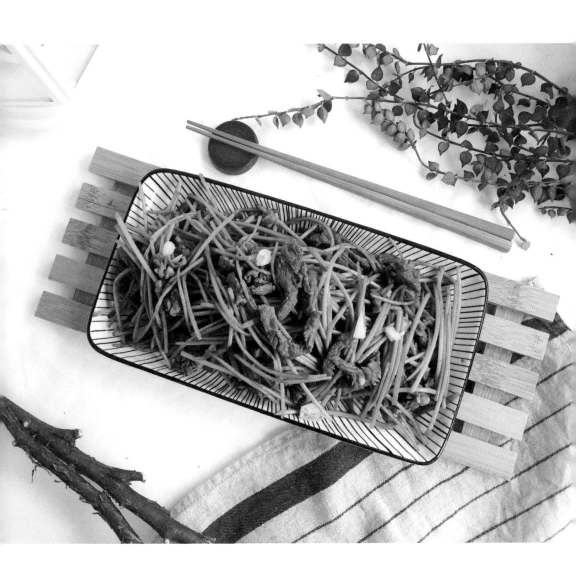

小贴士

水莲不宜久炒，否则容易变得软烂，口感与外观都会不佳。

生酮版营养成分

1人分量	总糖分	总热量	膳食纤维	蛋白质	脂肪
130克	3.5克	160.8卡	1.2克	12.6克	9.1克

牛肉料理

牛油制作方式

嫩牛里脊分切出来的牛肉油脂丢掉其实很可惜，

将分切下来的油脂制作成天然牛油，无论是炒菜或其他烹调方式都可使用喔！

总分量 100克	总糖分 4.2克	总热量 642.3卡	膳食纤维 0克	蛋白质 0克	脂肪 71.9克

做法

1. 将嫩牛肩肉分切下来的油脂仔细清洗干净。

2. 将清洗干净的油脂用餐巾纸吸除水分。

3. 将天然牛油放入锅中开大火翻炒一下。

4. 油脂开始变白时即可盖上锅盖（避免溅油）。

5. 待油脂变干变小时，可将油脂取出。

6. 准备好已消毒的密封瓶，用滤网将油过滤杂质即完成。

小贴士

除了可用热水消毒瓶子外，也可使用烤箱，设定温度为110℃，将清洗干净的瓶子甩干水分
后，烘烤10分钟即消毒完成。

鸡腿肉、鸡胸肉

　　超市里可买到去骨清鸡腿肉及鸡清胸肉的独立真空包装，相当干净且非常方便！鸡腿肉的肉质鲜美又嫩，在料理中是不可或缺的好食材；鸡胸肉高蛋白、低脂肪，是减肥的好选择！

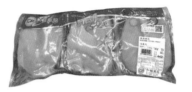

去骨鸡腿肉　　　　　　　　　　　　　　鸡胸肉

分装保存

① 分片包装

去骨鸡腿肉及鸡胸肉买来后，可用冷冻专用的保鲜袋分装，在袋上标注食材名称、日期，放入冰箱冷冻保存，要料理的前一晚移至冷藏区低温解冻。

② 分成小袋

切块保存

可将鸡腿肉、鸡胸肉先分切成适当大小。

2～3周冷冻保存　　冷藏低温解冻或用解冻节能板解冻

切适口大小
将鸡腿肉、鸡胸肉分切成适口大小，在料理时方便解冻，更能节省时间。

包装时记得将空气挤出，或利用吸管将空气排出，以保证食材不接触多余空气。在包装上注明分装的食材名称、日期。要料理前一晚移至冷藏区低温解冻。

2～3周冷冻保存　　冷藏低温解冻或用解冻节能板解冻

美味关键

如果是第二天才使用的肉类，可先放入密封袋中腌制，放进冰箱冷藏保存，不仅更入味，料理也更省时。

去骨的鸡腿肉不用炖煮太久，肉质就鲜嫩多汁。鸡胸肉尽量挑选不粘锅烹饪。

蜂蜜味噌鸡腿肉

味噌含有特殊风味，质地细致，有超强排毒功能，是日本主要的调味品。

而这道非常简单的蜂蜜味噌鸡腿肉，甜甜咸咸的味道，

制作简单又快速，美味轻松上桌！

1人分量 220克	总糖分 11.8克	总热量 501.2卡	膳食纤维 0.5克	蛋白质 31.3克	脂肪 35.8克

食材（1人份）

无骨鸡腿肉180克

酱油5克

味噌10克

蜂蜜10克（生酮饮食请改用
蜂蜜代糖）

食用油1大匙

做法

1. 将清洗干净并用餐巾纸擦干的鸡腿肉，与酱油、味噌、蜂蜜混合均匀腌制，放入冰箱冷藏4小时以上（可先腌制起来，隔天再料理）。

2. 在烤盘上放1大匙食用油，将腌制过的鸡腿肉放上去，鸡皮朝上。

3. 放入已预热180℃10分钟的烤箱中，烘烤20分钟即可。

小贴士

腌制鸡腿肉可于前一天晚上放入冰箱使其更加入味，非常适合时间紧张的上班族妈妈们，这是一道给家人的爱心健康料理！

生酮版营养成分

1人分量 215克	总糖分	总热量	膳食纤维	蛋白质	脂肪
	3.8克	470.1卡	0.5克	31.3克	35.8克

中东孜然烤香料鸡佐姜黄饭

想要变化口味时，中东风味的异国料理是个不错的选择！

姜黄含有丰富的营养价值，是温经散寒的食材！

今天晚上不妨试试这道简单料理！

1人分量 374克	¼份糖分26.7克 总糖分106.8克	¼份热量217.2卡 总热量868.9卡	膳食纤维 7.2克	蛋白质 35.4克	脂肪 30.3克

食材（2人份）

中东孜然烤香料鸡
鸡腿肉200克
肉桂棒1根
姜黄粉1.5克
孜然粉1.5克
豆蔻粉1.5克
法香叶1.5克
盐1.5克
小茴香粉1克
白胡椒粉1克
红椒粉1克
酸奶30克

姜黄饭
椰奶200毫升
有盐黄油10克
葡萄干20克
姜黄粉6克
洋葱丁100克
生米180克
法香粉（装饰）
食用油15克

做法

1. 先将中东孜然烤香料鸡的食材全部混合腌制备用。

2. 在铸铁锅中放入黄油，再放入洋葱丁翻炒至软。

3. 加入姜黄粉一起翻炒约30秒。

4. 倒入椰奶及洗净的生米，搅拌均匀后，用小火烹煮40分钟即可。

5. 取一平底锅，热锅后倒入食用油，将腌制好的鸡腿肉放入锅内煎熟。

6. 煮好的姜黄饭倒入木盆中可吸收水气，再撒上葡萄干、法香粉装饰。

小贴士

1.香料粉是这道菜的重点，如果缺少任何一样的话，就会缺少滋味。

2.如果是用电饭锅煮饭的朋友们，只需将炒好的姜黄、洋葱、椰奶加入洗净沥好水的生米中，
 水位如一般煮饭的水量即可。

3.酸奶也可用无糖希腊酸奶代替。

生酮
可食

鸡腿肉料理

黄柠檬鸡肉风味意大利面

腌制柠檬片可取代盐的部分，更能赋予这道料理清爽却浓郁的味道，

适合在炎热的天气里，让没有食欲的人胃口大开喔！

1人分量 485克	½份糖分28.4克 总糖分56.7克	½份热量371.6卡 总热量743.1卡	膳食纤维 2.8克	蛋白质 42.9克	脂肪 36.7克

食材（1人份）

鸡腿肉1片
腌渍柠檬两片（做法请见226页）
高汤块一块（75克）
蒜片10克
西蓝花50克
意大利面150克（生酮饮食请改用
魔芋面）
橄榄油1大匙
盐1小匙
新鲜柠檬半个

做法

1. 先将清洗擦干的鸡腿肉与两片腌渍柠檬一同放入密封袋中，放进冰箱冷藏腌制1小时以上（可提前一天腌制，第二天再料理）。

2. 将腌制好的鸡腿肉放入烤箱以180℃烤25分钟。

3. 准备一锅开水，加入橄榄油和盐，再以伞状的方式放入意大利面于锅中煮至八分熟。面捞出后，利用此锅水将西蓝花稍微烫一下。

4. 在平底锅内加入少许橄榄油，将蒜片煎至金黄取出备用，再加入高汤块，并倒入意大利面。

5. 加入切块的鸡腿肉与西蓝花，一同翻炒至汤汁浓稠，放上蒜片，挤上新鲜柠檬汁即可。

生酮版营养成分

1人分量	总糖分	总热量	膳食纤维	蛋白质	脂肪
485克	3.9克	504.2卡	8克	32.6克	35.8克

鸡腿肉料理

茄子鸡肉味噌煲

生酮
可食

非常简单的茄子鸡肉味噌煲，可让讨厌茄子的小朋友们不知不觉地吃下肚噢！

只要加入风味浓郁的味噌后，整道菜的味道更加突出，好吃又下饭。

1人分量 250克	总糖分 5.7克	总热量 198.9卡	膳食纤维 2.6克	蛋白质 15.1克	脂肪 10.6克

食材（1人份）

鸡腿肉200克

姜5克

胡萝卜30克

茄子1条

米酒15毫升

酱油10毫升（生酮饮食请改用
无糖酱油）

味噌30克

盐少许

葱花少许

水80克

做法

1. 先将鸡腿肉与酱油、米酒、姜腌制一下，备用。

2. 胡萝卜切片、茄子切片泡盐水（事先在水中加入一点盐）备用。

3. 将胡萝卜翻炒一下，再放入已腌制好的鸡肉一起翻炒。

4. 加入茄子与味噌一起翻炒。

5. 加水一同翻炒后，小火焖5分钟，撒上葱花即可上桌。

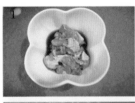

小贴士

茄子切开接触空气后就会变黑，焖煮的料理可将茄子事先泡盐水，能防止氧化变黑。

生酮版营养成分

1人分量	总糖分	总热量	膳食纤维	蛋白质	脂肪
190克	5.5克	198.5卡	2.6克	15.2克	10.6克

西蓝花鸡腿肉柠檬奶酱意大利面

| 1人分量
645克 | ¼份糖分22.9克
总糖分91.7克 | ¼份热量285.4卡
总热量1141.6卡 | 膳食纤维
3.5克 | 蛋白质
59.2克 | 脂肪
57.7克 |

食材（1人份）

鸡腿肉200克
西蓝花50克
柠檬奶酱150克（做法请见68页）
现磨玫瑰盐少许
现磨黑胡椒少许
管状意大利面225克
橄榄油1大匙
盐1小匙
新鲜柠檬半个

做法

1. 取一平底锅并热锅，放入清洗擦干的鸡腿肉，鸡皮那面朝下以小火慢煎，将鸡皮的油脂释出。

2. 将鸡皮煎至酥脆后，翻面煎至金黄备用。

3. 准备一锅滚烫的水，加入橄榄油和盐，放入管状意大利面煮至八分熟。

4. 面捞出后，利用此锅热水将西蓝花稍微汆烫。

5. 将原锅内的水倒掉，放入管状意大利面、西蓝花、切块的鸡腿肉、柠檬奶酱。

6. 稍微翻炒至食材与酱料融合，再加入适量的现磨玫瑰盐、现磨黑胡椒，挤上新鲜柠檬汁即可。

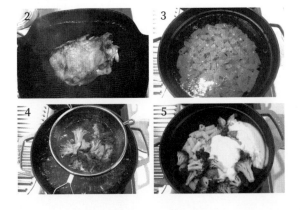

小贴士

意大利面的种类不限，用家里现有的即可。

可将意大利面换成魔芋面

1人分量	总糖分	总热量	膳食纤维	蛋白质	脂肪
645克	12.6克	783卡	11.3克	43.9克	43.9克

法式柠檬奶酱（进阶版）

进阶版的法式柠檬奶酱是由基础的白酱调整而来，

可以运用手边所有的奶制品来创造出不一样的口味。

淡奶油可替代酸奶；如果没有淡奶油及酸奶，可直接使用牛奶，

也一样好吃！如果大量制作，可待冷却后以密封袋小包分装。

总分量 400克	50克糖分3.6克 总糖分28.7克	50克热量51.9卡 总热量414.9卡	膳食纤维 0.9克	蛋白质 10.9克	脂肪 28.9克

食材

低筋面粉25克
黄油25克
酸奶50克
蛋黄1个
高汤250克
新鲜柠檬半个
现磨黑胡椒少许
现磨玫瑰盐少许

做法

1. 取一小锅，放入黄油，用小火加热至完全融化。

2. 黄油融化后熄火，分两次加入低筋面粉并迅速搅拌，直到与黄油完全融合。接着开小火持续搅拌至起泡，熄火、放凉备用。

3. 将煮滚的高汤倒入放凉的面糊中，持续搅拌并煮到沸腾。

4. 加入蛋黄持续搅拌至完全融合。

5. 再加入酸奶与面糊搅拌顺滑。

6. 加入新鲜柠檬汁及适量现磨玫瑰盐、黑胡椒的分量即完成。

小贴士

面粉在翻炒的过程中要注意火候，小心烧焦变色，面粉炒一下可去除生面粉的味道。
当酱汁冷却变得过度浓稠时，可随时增添牛奶、淡奶油或高汤来搅拌稀释。

异国风味酸奶嫩煎鸡胸肉

希腊式酸奶不仅可以搭配水果或牛奶，成为健康早餐，

还可以用来腌制鸡肉，让肉质更软嫩！

料理后的鸡胸肉鲜美多汁，是便当或野餐的好料理！

1人分量 205克	总糖分 3.9克	总热量 435.7卡	膳食纤维 1.2克	蛋白质 30.6克	脂肪 32克

食材（2人份）

鸡胸肉300克
希腊式酸奶30克
新鲜柠檬半个
肉桂粉1.5克
孜然粉1.5克
盐1.5克
蜂蜜1.5克（生酮饮食请改用蜂蜜代糖）
法香叶1.5克
黄油20克

做法

1. 将洗净擦干的鸡胸肉，从中间对半切开，再切成块状（最厚的鸡胸肉部分不要超过2厘米厚度）。

2. 除了黄油外，将所有调味料和鸡胸肉放入密封袋中腌制（可先腌制起来，第二天再料理）。

3. 将腌制好的鸡肉取出并放入器皿中（注意不要多余的酱汁），再将已融化的黄油倒入鸡肉中。

4. 将黄油与鸡肉混合搅拌均匀。

5. 取一平底锅，开中小火热锅，感觉微热时放入鸡胸肉，将鸡胸肉的各面煎至金黄色（时间4 ~ 5分钟）。

6. 将鸡胸肉盛盘，盖上锡箔纸封好，约10分钟后即可享用。

小贴士

盖上锡箔纸静置的这个步骤，能让鸡胸肉软嫩多汁。
鸡胸肉好吃的关键在于时间及锅具、火候上的掌控，尽可能使用不粘锅。

生酮版营养成分

1人分量	总糖分	总热量	膳食纤维	蛋白质	脂肪
205克	2.9克	431.8卡	1.2克	30.6克	32克

鸡胸肉料理

黄油蘑菇炖鸡胸肉

法式料理中最经典的部分不外乎就是酱汁！

这道菜用法式手法来料理鸡肉，搭配人气食材蘑菇，简单又好吃！

在烹煮的过程中白酒已经挥发，所以小朋友也可以食用。

| 1人分量 215克 | 总糖分 4.3克 | 总热量 370.3卡 | 膳食纤维 0.8克 | 蛋白质 22.4克 | 脂肪 28.7克 |

食材（3人份）

鸡胸肉300克
蘑菇80克
黄油30克
白酒15克
鸡高汤150克
淡奶油40克
西芹1根
西芹叶5克
月桂叶1片
蛋黄1个

做法

1. 将黄油用小火加热至表面起泡泡，黄油完全融化呈现出金黄澄清的色泽。

2. 放入切块的鸡胸肉煎至表面焦黄，取出备用。

3. 加入蘑菇翻炒至表面上色变小。

4. 倒入白酒、鸡高汤、西芹段、月桂叶、鸡胸肉，一起煮开后转小火煮5分钟即可取出鸡肉及蘑菇，并熄火。

5. 利用滤网将锅中的高汤过滤出杂质。

6. 将过滤好的高汤倒回原锅中，加入淡奶油及蛋黄快速搅拌顺滑，再开小火将酱汁煮至浓稠即可浇在鸡胸肉与蘑菇上，再放上切碎的西芹叶装饰。

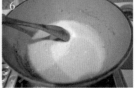

小贴士

搅拌淡奶油与蛋黄时动作须连贯，全程小火避免煮沸，否则蛋黄易结块，就无法形成丝绒般的浓郁酱汁。

请用生菜 生酮可食

鸡胸肉料理

香煎鸡胸肉佐藜麦沙拉

虽然软嫩多汁的鸡腿肉总是比较受欢迎，

但富含高蛋白低脂肪特性的鸡胸肉，是减肥、美肌的必备食品。

只要控制好烹饪时间，鸡胸肉也能和鸡腿肉一样美味！

| 1人分量
420克 | ½份糖分17.1克
总糖分34.2克 | ½份热量446卡
总热量891.9卡 | 膳食纤维
9.5克 | 蛋白质
56.3克 | 脂肪
53.5克 |

食材（1人份）

香煎鸡胸肉
鸡胸肉150克
黄油10克
现磨玫瑰盐适量
现磨黑胡椒适量
奶酪80克

藜麦沙拉
生菜100克
藜麦50克（煮法请见76页，生酮
饮食请改用生菜）
巴萨米克醋酱汁30克

做法

1. 取一平底锅，开中小火放入黄油加热至融化。

2. 放入腌制好的整块鸡胸肉煎至双面金黄。

3. 将鸡胸肉盛盘，用锡箔纸封好放入预热好的烤箱以180℃烤8分钟即可。

4. 将奶酪切片，使用原锅煎奶酪至双面呈现金黄色。

5. 将奶酪放置纸巾上吸除过多的油脂，切成小块拌入沙拉中，并把烤好的鸡胸肉切块一同享用。

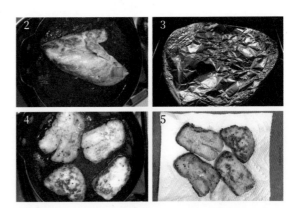

生酮版营养成分

1人分量	总糖分	总热量	膳食纤维	蛋白质	脂肪
420克	8.1克	699.1卡	2.2克	48.6克	50.5克

藜麦好吃的煮法

藜麦含有丰富的必需氨基酸，还含有许多非必需氨基酸，

更包含丰富的膳食纤维及 ω-3，是米的最佳替代品，

和全麦相比较，纤维含量高出 50%，更被欧美国家视为减肥的谷物之母。

1人分量 60克	总糖分 26.7克	总热量 273.9 卡	膳食纤维 8.1克	蛋白质 8.3克	脂肪 11.4克

食材

藜麦50克
水100克
黄油5克
盐少许
黑胡椒少许

做法

好吃煮法比例：

藜麦1杯：水2杯（藜麦50克：水100克）

1. 倒入冷水至锅中，加入藜麦及黄油，开大火煮，并搅拌一下。水滚时即转微火，并盖上锅盖煮15分钟，关火闷5分钟后撒入适量盐及黑胡椒即可享用。

2. 闷煮好的藜麦是蓬松的，粒粒分明，可加入喜欢的沙拉配料做成藜麦沙拉。

小贴士

藜麦可单吃替代主食，也可和米混合在一起煮成藜麦饭，做成沙拉或是配料点缀都很好吃。

鳀鱼鸡肉豆腐煲

生酮
可食

鳀鱼在煮后会化开，完全看不到，但料理会充满浓郁的鲜味。

除了用在意大利面外，在中式料理也有画龙点睛之效，让肉类或菜类更美味！

加在腌料及沙拉酱汁中也好吃！料理只需在一开始烹煮时加入一条鳀鱼提味即可。

1人分量 166.7克	总糖分 3克	总热量 115.8卡	膳食纤维 1.1克	蛋白质 7.2克	脂肪 8克

食材（3人份）

鳀鱼10克

鸡胸肉300克

豆腐1块

高汤150毫升

酱油20克（生酮饮食请改用
无糖酱油）

蒜末5克

白胡椒粉2克

葱花少许

食用油1大匙

做法

1. 将清洗干净并用餐巾纸擦干的鸡胸肉切成大丁。

2. 取一平底锅，放1大匙的食用油，并加入鳀鱼与蒜末炒香。

3. 放入鸡丁，炒至表面变白半熟。

4. 倒入酱油快炒一下。

5. 加入豆腐、高汤、白胡椒粉轻拌后，盖上锅盖焖煮1分钟（全程中大火）。

6. 捞出煮好的鳀鱼鸡肉豆腐至碗中，将刚刚的汤汁开大火收汁，再倒入鳀鱼鸡肉豆腐中，撒上葱花即成。

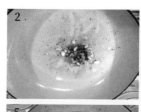

小贴士

1.鸡胸肉炖煮时间不宜太久，鸡胸肉鲜嫩，口感较佳。

2.鳀鱼为常见的过敏源，调味的时候需拿捏好分量，以免过咸。

生酮版营养成分

1人分量	总糖分	总热量	膳食纤维	蛋白质	脂肪
166.7克	2.6克	114.9卡	1.1克	7.3克	8克

乌鸡

乌鸡用于熬煮鸡汤，是养气补身的好食材，而炖煮鸡汤最好喝的秘诀是选择土鸡，非肉鸡。

分装保存

适量分装

买回来后先分装成每次料理的分量，利用冷冻保鲜袋或保鲜盒包装好，并标注食材名称、日期，放入冰箱冷冻保存。要料理前一晚移至冷藏区低温解冻。

2～3周冷冻保存   冷藏低温解冻或用解冻节能板解冻

美味关键

1

想要拥有一锅清澈鲜甜的汤，最重要的步骤就是氽烫，生的鸡肉在清洗过程中细菌反而易随着水花溅出来，所以在氽烫前不需要先清洗生鸡肉，直接在汤锅注入冷水。

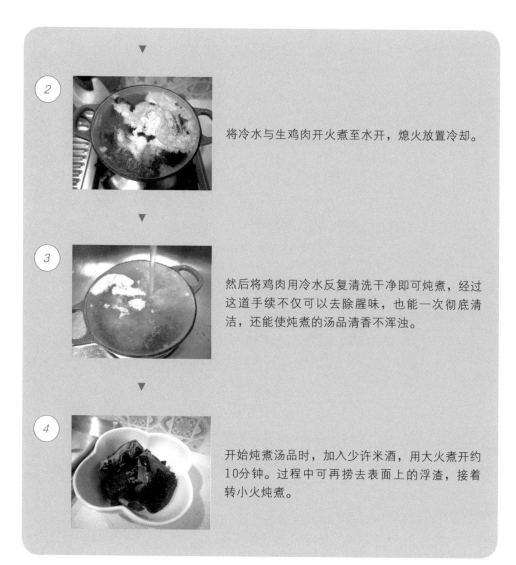

将冷水与生鸡肉开火煮至水开，熄火放置冷却。

然后将鸡肉用冷水反复清洗干净即可炖煮，经过这道手续不仅可以去除腥味，也能一次彻底清洁，还能使炖煮的汤品清香不浑浊。

开始炖煮汤品时，加入少许米酒，用大火煮开约10分钟。过程中可再捞去表面上的浮渣，接着转小火炖煮。

小贴士

1.炖煮期间请不要开锅盖，这样才能使汤头更浓郁。

2.汤品炖好时再放盐，因为盐煮的时间久，会和肉类发生化学反应，使汤头变淡，肉也不易炖烂。

乌鸡料理

生酮
可食

乌鸡黑蒜养生汤

黑蒜具有抗氧化，是优质好食材。

黑蒜经过特殊发酵之后，不仅没有普通大蒜的辛辣味，也没有蒜臭味。

天然纯植物制品，是很好的养生食材，拿来做养生汤的料理再适合不过了！

1人分量	总糖分	总热量	膳食纤维	蛋白质	脂肪
482.5克	9.9克	234.4卡	5.7克	17.3克	11.6克

食材（4人份）

乌鸡肉300克
黑蒜1个
枸杞10克
黄芪10克
红枣10克
干香菇5片
米酒10毫升
盐适量
水1500毫升

做法

1. 取一汤锅，放入生乌鸡肉，注入冷水，开大火加热。

2. 水要沸腾后立刻关火放置冷却。

3. 将干香菇用80℃的热水浸泡至泡发（注意不可浸泡过久，以免香菇的鲜味物质流失）。

4. 取出乌鸡肉并仔细冲洗干净备用。

5. 另准备一锅开水，加入已泡好的干香菇、乌鸡肉、黑蒜、枸杞、黄芪、红枣、米酒，大火煮5分钟后，即盖上锅盖转小火炖40分钟，起锅时再加入适量的盐调味即可。

小贴士

黑蒜在超市就可以买到。

乌鸡料理

香菇栗子乌鸡汤

秋天的新鲜栗子又甜又好吃，性温、味甘、营养美味，

含有各种矿物质及维生素，是肾亏气虚者的最佳滋补食材。

不仅能抗衰老、提振精神，还是煲汤的好选择！

1人分量	总糖分	总热量	膳食纤维	蛋白质	脂肪
492.5克	16.8克	271.9卡	6.9克	17.2克	11.9克

食材（4人份）

乌鸡肉300克
新鲜栗子100克
枸杞10克
姜1块
干香菇5片
米酒10毫升
盐适量
水1500毫升

做法

1. 取一汤锅，放入生乌鸡肉，注入冷水，开大火加热。

2. 水要沸腾时即刻关火放置冷却。

3. 将干香菇用80℃的热水浸泡至泡发（注意不可浸泡过久，以免香菇的鲜味物质流失）。

4. 取出乌鸡肉并仔细冲洗干净备用。

5. 另准备一锅开水加入已泡好的干香菇、乌鸡肉、新鲜栗子、枸杞、姜、米酒，大火煮5分钟后，即盖上锅盖转小火炖40分钟，起锅时再加入适量的盐调味即可。

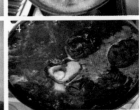

小贴士

1.新鲜剥好的栗子在市场即可买到，料理时很方便，不用自己剥壳。

2.新鲜的栗子最好尽快食用。如果没有吃完请放冰箱冷藏保存在三日内吃完。尽量不要放冷
  冻，以免降低营养成分，若冷冻请于一个星期内食用完。

火鸡

火鸡肉

切块或鸡丝保存

将火鸡肉切成片状或顺着纹路手撕鸡丝，依料理所需分量，使用保鲜膜包好再一并放入食物密封袋中保存，并在袋上标注食材名称、日期、重量，平放于冰箱冷冻保存，料理的前一晚再移至冷藏区低温解冻。

片状火鸡肉可以做火鸡肉卷饼，或夹在三明治里当早餐；火鸡肉丝可以做成火鸡肉饭，或是煮面时可添加丰富汤头的味道。

2～3周冷冻保存   自然解冻或用微波炉解冻

鸡骨架

煮鸡汤

鸡骨架可以做鸡高汤，只需先将骨头部位与肉分离，将骨头部位密封包装好冷冻保存，当天没有时间煮鸡高汤的话，也可以在下次料理时再处理。熬煮高汤时，骨头不用解冻，可直接放入锅中熬煮。

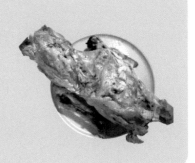

| 2～3周冷冻保存 | 自然解冻
或直接料理 |

做成鸡汤块

可将熬煮完的火鸡高汤倒入制冰盒，放进冰箱冷冻做成高汤块。利用食物密封袋分装保存，并在袋上标注食材名称和日期，料理时加入一块鸡汤块，整个味道会提升不少！

| 2～3周冷冻保存 | 自然解冻
或直接料理 |

小贴士

在食用火鸡时，请切记使用公用刀叉来分切，而分装保存时也务必注意手及刀具已消毒干净，没有碰触到其他食物，避免产生细菌而有食品安全问题（相同的分装保存和食用方式，也可用于一般烤鸡上）。

枫糖甜橙香料火鸡

生酮
可食

1人分量 808.8克	总糖分 13.4克	总热量 1162.8卡	膳食纤维 2.3克	蛋白质 145.2克	脂肪 54.2克

食材（8人份）

火鸡1只（约5.5千克）

无盐黄油150克

黑胡椒5克

玫瑰盐5克

洋葱2个

甜橙2个

新鲜迷迭香4支

新鲜薄荷叶15片

新鲜罗勒叶15片

蒜50克

甜橙皮适量

枫糖浆50克（生酮饮食请改用蜂蜜代糖或无糖枫糖浆）

橄榄油少许

做法

1. 将清洗干净的火鸡用厨房纸擦干，包含胸腔内，再均匀地在内外抹上约2大匙玫瑰盐（或粗盐）搓揉按摩，使火鸡肉松弛。

2. 将室温黄油、现磨黑胡椒、玫瑰盐、切碎的新鲜薄荷叶和罗勒叶、蒜末、甜橙皮，混合均匀备用。

3. 在火鸡胸腔顶端的位置，轻轻将火鸡皮与肉的中间层拉开一点，从缝隙中将混合好的黄油均匀塞入直到顶端，再轻压黄油，迷迭香可整支塞入。

4. 将火鸡翻面，同样塞入混合好的黄油至火鸡皮与鸡肉中间后，把两只翅膀塞进脖子的位置，使其固定鸡翅，再将脖子部分的鸡皮盖上。

5. 翻为正面后，将一整个洋葱与两个甜橙直接塞入火鸡胸腔内，并用另一个对切的洋葱填满，将剩下的调味料一并塞入。

6. 将鸡腿部分靠拢，鸡腿固定在已处理好的鸡皮洞内，可于要烤火鸡的前一天做事前准备工作，再放置冰箱一天使其表皮风干。

7. 隔天要烤之前，将火鸡取出静置至室温温度（约6小时），用餐巾纸再次擦干表面，确保鸡皮上没有多余的水分。将火鸡放置在烤架上（底部为烤盘），在火鸡全身抹上些许橄榄油（底部不用）。

8. 将烤箱210℃预热10分钟，放入火鸡烘烤约半小时取出。

9. 在取出的火鸡上用刷子均匀刷上枫糖浆，再用锡箔纸将火鸡包裹。

10. 烤箱温度降为190℃，每烤1小时取出一次抹上枫糖浆，反复三次。

11. 用温度计插入鸡腿与鸡胸中间探测温度直至达到78～82℃（须达到此温度里面才能熟）。

12. 将火鸡胸腔内的洋葱等食材取出，装盘，烤好的火鸡静置放凉，搭配酱汁即可食用。

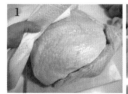

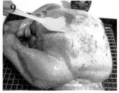

小贴士

1.因为各家烤箱温度不同，烘烤时间也不同，所以准备好温度计来测试比较准确。

2.烤好的火鸡需静置，可利用这个时间来做火鸡的搭配料理。

3.如果家里没有枫糖浆，也可以改用40克蜂蜜加10克橄榄油代替。

生酮版营养成分

1人分量	总糖分	总热量	膳食纤维	蛋白质	脂肪
808.8克	9.4克	1146.9卡	2.3克	145.2克	54.2克

调味汁

总分量 1000克	100克糖分5.7克	100克热量34.5卡	膳食纤维 14.3克	蛋白质 10.9克	脂肪 4.5克
	总糖分56.9克	总热量345.1卡			

食材

从火鸡内取出的蔬菜
烤火鸡时烤盘上留下的肉汁
鸡高汤250毫升

做法

1. 将刚刚烤好火鸡底盘的肉汁用滤网先过滤掉残渣。

2. 将过滤好的肉汁及所有食材放入锅内，用中火炖煮约20分钟。

3. 将洋葱等物取出后，再用滤网过滤一次残渣。

4. 完成后即为做好的调味汁。

蔓越莓酱

| 总分量 245克 | 100克糖分19.3克 总糖分47.4克 | 100克热量94卡 总热量230.4卡 | 膳食纤维 11.7克 | 蛋白质 0.2克 | 脂肪 0.2克 |

食材

蔓越莓180克
红糖30克
柳橙汁30毫升
肉桂1根

做法

将所有食材煮至浓稠即可。

甜薯干酪苹果馅料

总分量 685克	100克糖分13.4克 总糖分91.5克	100克热量150.2卡 总热量1029.2卡	膳食纤维 9克	蛋白质 36.1克	脂肪 54.9克

食材

培根100克

苹果半个

洋葱半个

红肉地瓜80克

西芹80克

调味汁20克（做法见91页）

鸡高汤30毫升

切达奶酪丁50克

法式面包100克

西芹叶少许

做法

1. 将切碎的培根炒至出油微焦。

2. 将所有食材切丁放入锅中翻炒一下（除了奶酪、面包，以及西芹叶），并加入鸡高汤与调味汁一起翻炒约5分钟。

3. 熄火，将面包切丁倒入，翻炒至面包均匀吸附汤汁。

4. 将翻炒好的馅料倒入烤盘，均匀放上奶酪丁，且撒上西芹叶。

5. 放入180℃预热10分钟的烤箱中，烤15分钟即成。

更多变化

火鸡高汤块

自己做高汤块，不仅营养又安心，

在烹调料理时，加入一块风味特别浓郁！

总分量 100克	总糖分 0.2克	总热量 8.8卡	膳食纤维 0克	蛋白质 1.5克	脂肪 0.3克

食材

火鸡肉骨架一副
水适量
西红柿1个
洋葱1个
胡萝卜1根
西芹3根

做法

1. 水开后，加入所有食材大火煮5分钟，即盖上锅盖转小火煮1.5小时，关火后闷至冷却。

2. 煮好的高汤滤掉杂质即可倒入制冰盒或硅胶模具中，放入冰箱冷冻。

3. 可将冷冻成形的高汤块放入保鲜袋，标注食材名称和日期，放进冰箱冷冻保存。

小贴士

高汤块的火鸡肉骨架也可用3~4副一般生鸡骨架制作。

更多变化

火鸡肉饭

剩下的火鸡肉拿来做火鸡肉饭，酱汁是最经典的部分，

小朋友也非常喜欢，好做又好吃！

食材（3人份）

酱汁
蒜末10克
红葱头15克
酱油10毫升
米酒10毫升
八角2个
葱段8节
冰糖10克
鸡高汤150毫升
市售鹅油20克

火鸡肉
火鸡肉200克
鸡高汤200毫升

米饭200克（生酮饮食请改用
西蓝花饭）

做法

酱汁

1. 开中火，在锅内倒入鹅油，将葱段与八角煸香后取出。

2. 将蒜末与红葱头倒入至完全炒香。

3. 加入鸡高汤与冰糖、酱油、米酒，炖至浓稠（约5分钟），酱汁即完成。

火鸡肉

1. 将鸡高汤煮滚后，放入火鸡肉烫一下。

2. 立即用滤网将火鸡肉取出，放在米饭上，再淋上酱汁即可。

1人分量 333.3克	⅓份糖分27克 总糖分81.1克	⅓份热量155.3卡 总热量465.9卡	膳食纤维 1.1克	蛋白质 21.2克	脂肪 4.4克

小贴士

酱汁可冷藏3天、冷冻1个月。

生酮版营养成分

1人分量 333.3克	总糖分 5.3克	总热量 148.3卡	膳食纤维 4.2克	蛋白质 18.7克	脂肪 4.2克

（将西蓝花洗净剁碎，可水煮或炒来替代米饭）。

牧羊人火鸡肉派

牧羊人派在英国是一道传统料理中的主食，

虽然称为"派"，但却没有派皮，而是用土豆当基底，

再放上火鸡肉烘烤而成，简单又方便，是午后点心的好选择！

| 1人分量 185克 | 总糖分 15克 | 总热量 265.4卡 | 膳食纤维 1.2克 | 蛋白质 22克 | 脂肪 12.1克 |

食材（2人份）

土豆泥150克
奶酪80克
熟火鸡肉丁120克
调味汁20克（做法见91页）
新鲜香草适量

做法

1. 将土豆泥和新鲜香草混合，均匀铺入烤盘中。

2. 将熟火鸡肉丁均匀放在土豆泥上。

3. 将调味汁淋在火鸡肉上。

4. 撒上奶酪，并放入已180℃预热10分钟的烤箱中，烘烤15分钟即完成。

小贴士

牧羊人派除了火鸡肉，吃剩的烤鸡或肉酱也可以拿来制作！

中式火鸡肉卷饼

火鸡肉卷饼的饼皮也可换成蛋卷皮，不仅简单、快速，也非常美味！

1人分量 180克	总糖分 20.3克	总热量 209.5卡	膳食纤维 2.2克	蛋白质 14.8克	脂肪 6.6克

食材（2人份）

葱油饼3片
火鸡肉100克
小黄瓜1条
葱1根
甜面酱10克
调味汁20克

做法

1. 将调味汁加热一下。

2. 倒入火鸡肉丝及甜面酱翻炒。

3. 将煎好的葱油饼铺上火鸡肉丝、小黄瓜丝及葱丝。

4. 把葱油饼卷起，并用牙签固定即可。

小贴士

炒甜面酱的时间约10秒，不然甜面酱易变苦。

请用 魔芋面条

生酮可食

火鸡肉面条

利用做好的火鸡高汤块，加入面条，

再加一点日式酱油提味，在家也能拥有一碗抚慰人心的面条汤！

1人分量 448克	½份糖分32.5克 总糖分65克	½份热量165.2卡 总热量330.4卡	膳食纤维 3.4克	蛋白质 7.2克	脂肪 3.2克

食材（1人份）

自制火鸡肉高汤块150克

水50克

日式酱油5克（生酮饮食请改用无糖酱油）

面条1人份230克（生酮饮食请改用魔芋面）

火鸡肉适量

葱花少许

做法

1. 在锅内加入冷水及高汤块，煮至沸腾。

2. 加入面条煮约5分钟，捞出后倒入日式酱油提味。

3. 放上火鸡肉及葱花装饰即成。

小贴士

建议用不会散落面粉的面类制品，不然汤汁会变得浓稠而影响口感。

生酮版营养成分

1人分量	总糖分	总热量	膳食纤维	蛋白质	脂肪
448克	1.6克	78.6卡	10.2克	5克	1.2克

瘦肉馅

分装保存

小袋分装

分装的方式尽量让瘦肉馅平整，以及完全去除多余的空气，可以利用擀面棍辅助，并在密封袋上写上食材名称、日期和重量。

> 2～3周冷冻保存 | 冷藏低温解冻或用解冻节能板解冻

美味关键

1 **添加辛香料或米酒去除腥味**

瘦肉馅的处理并不需要事前清洗，不然会使瘦肉馅和油脂流失，口感变差。可添加各种中西式的辛香料或米酒，除了增添香气外，还可以去除猪肉特有的气味。

2 **做成肉酱**

煮好的肉酱待放凉后放置密封盒、密封袋，并写上食材名称、日期和重量，放入冰箱冷冻保存。

> 2～3周冷冻保存 | 冷藏低温解冻或用解冻节能板解冻

带皮五花肉

五花肉又称三层肉，取于肚腩的部位，所以油脂丰厚，适合拿来炖煮或切薄片、切丝的方式烹调。

分装保存

1 切条分装

可以先将五花肉切成长条状，再用保鲜膜包起，放入密封袋中冷冻保存，写上食材名称、日期和重量，放冷冻保存，料理的前一晚放至冷藏低温解冻。

2 切成适当大小

直接切成平时卤肉的大小，写上食材名称、日期和重量。放冷冻保存，料理的前一晚放至冷藏低温解冻。

`2~3周冷冻保存` `冷藏低温解冻或用解冻节能板解冻`

美味关键

五花肉适合长时间炖煮，可以将五花肉切大块，吃起来会很满足。

若是要汆烫的方式，请等待完全降温冷却时再切，口感软嫩又不容易切碎。

若是要做肉臊可切成小块，吃起来更加有口感。

五花肉片

五花肉片是减糖生酮饮食的好选择，也是冬天火锅料理中不可或缺的必备肉品。

分装保存

适量分装

将买回来的五花肉片分装成每次食用所需的分量，在密封袋上写上食材名称、日期和重量，放入冰箱冷冻保存。

或是将猪五花肉片装进密封袋或保鲜盒中，放入料理所需的香料腌制备用，再写上食材名称、日期和重量，放入冰箱冷冻保存。

2 ~ 3周冷冻保存　　冷藏低温解冻或用解冻节能板解冻

美味关键

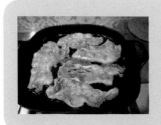

五花肉片除了可以煮火锅，做成烧烤肉片也是非常美味！如果没有时间，料理时取一包分装好的肉片，直接解冻或是放在解冻节能板上，就能快速料理。

猪肋骨

　　猪肋骨不仅脂肪含量高，肉层相对厚实，而且带有白色软骨，很适合酱卤或红烧、炖汤等料理。

分装保存

适量分装

将买回来的猪肋骨切块，依料理所需分量分装，在密封袋上写上食材名称、日期和重量，放入冰箱冷冻保存。

> 2～3周冷冻保存　　冷藏低温解冻或用解冻节能板解冻

美味关键

猪肋骨切块适合红烧、糖醋、酱卤及炖煮。

小贴士

在汆烫肋骨的时候，可加入一匙米酒、葱段、八角去腥，或单独加入米酒，也能达到去除腥味的效果。

猪排

分装保存

1 分小包保存

有些超市买到的猪排是小包真空包装组合，如果一次可使用到一小包真空包装的分量，则可直接分小包送入冰箱冷冻保存，并标注食材名称和日期，料理前一晚再移至冷藏区低温解冻。

2 适量分装

将买回来的里脊肉片用冷冻密封袋分装成每次料理所需的分量，并写上食材名称、日期和重量，平放冰箱冷冻保存，料理前一晚再移至冷藏区低温解冻。

> 2～3周冷冻保存　　冷藏低温解冻或用解冻节能板解冻

美味关键

猪排在煎或炸的时候，必须先将猪排旁边的筋与脂肪部分用利刀切断，可避免在煎炸时，猪排因受热而卷起，影响烹调的时间与猪排原本的大小。

里脊肉、猪颈肉

里脊肉肉质细嫩，由于没有任何肥腻油脂，非常适合不敢吃肥肉的人，或要烹调给小宝宝的副食品；一头猪只有两块猪颈肉，又有"松阪猪"之称，因此价格高于其他猪肉部位。

 猪里脊真空包

 猪颈肉真空包

分装保存

1 分小包保存

在我们将肉品购买回来之后，可以直接使用剪刀，从两份真空包装中间的分割线剪开，再冷冻保存，并标注食材名称和日期，料理前一晚再移至冷藏区低温解冻，非常方便！

2 分条或分片保存

依料理所需的分量，将里脊肉分条保存、猪颈肉分片保存。先用保鲜膜包起来，再装进食物密封袋中，挤出空气，写上食材名称、日期和重量，放入冰箱冷冻保存，料理前一晚再移至冷藏区低温解冻。

2～3周冷冻保存　　冷藏低温解冻或用解冻节能板解冻

美味关键

里脊肉肉质细嫩，可整条烧烤，或切成块状、肉丝；包水饺也可以用小里脊肉来做肉馅。

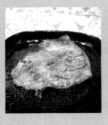

猪颈肉本身具有漂亮的脂肪雪花，只要稍微煎烤就非常好吃，肉本身带有脆度，非常适合烹饪新手。

巴梨姜汁猪肉

生酮
可食

巴梨又称西洋梨，不仅热量低，而且含有丰富的膳食纤维，

将软嫩多汁的巴梨融进料理中，能去除猪肉的生腥味，

更有芬芳的香气与口感，不论是鲜食或入菜都两相宜！

1人分量 171.7克	总糖分 11.4克	总热量 335.1卡	膳食纤维 1.5克	蛋白质 11.1克	脂肪 24.7克

食材（3人份）

五花肉片200克

巴梨40克

姜泥40克

酱油30克（生酮饮食请改用无糖酱油）

米酒30克

味淋15克

洋葱半个

葱适量

水淀粉适量（生酮饮食请去除淀粉）

做法

1. 将磨成泥的巴梨、姜泥、酱油、米酒、味淋倒在一起搅拌均匀。

2. 取一半调好的酱汁倒入肉中稍微腌制。

3. 将肉片下油锅不要翻面，不要翻炒，直到单面呈现焦黄色即可。

4. 将肉片取出备用。

5. 在原锅放入洋葱丝，关火翻炒至洋葱上色为止。

6. 开中小火倒入肉片及剩下的酱汁，并加入水淀粉拌匀至浓稠即起锅，并加上葱丝装饰即可。

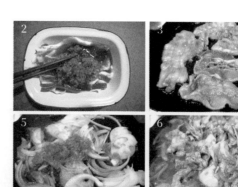

小贴士

姜汁猪肉的料理，每个人的做法都不同，这里使用巴梨入菜来取代糖，口感更为清爽。

生酮版营养成分

1人分量 171克	总糖分	总热量	膳食纤维	蛋白质	脂肪
	9.9克	329卡	1.5克	11.1克	24.7克

炸猪排

日式炸猪排是小朋友们非常喜爱的，只要有了炸猪排，都会乖乖地吃饭。
这里使用牛奶来代替米酒去腥，不仅肉质更加多汁，还多了一股淡淡的奶香气！

1人分量 312.5克	总糖分 19.1克	总热量 670.9卡	膳食纤维 0.9克	蛋白质 55.3克	脂肪 39.4克

食材（2人份）

厚切猪排500克
盐1小匙
白胡椒粉3克
牛奶适量
全蛋1个
面粉20克
面包糠30克

做法

1. 用叉子将猪排断筋（两面均须将叉子戳入彻底断筋），并用刀锋将肉排的四周均匀切断约1.5厘米。

2. 将猪排放入牛奶中腌制至少1小时以上加入适量盐和白胡椒粉（可先腌制起来，隔天再料理）。

3. 准备三个碗，分别放入面粉、全蛋液、面包糠。首先将猪排均匀蘸上面粉（将多余的拍掉）。

4. 将蘸好面粉的猪排放入已打散的蛋液中，均匀包裹。

5. 将裹好蛋液的猪排放在装有面包糠的碗中，稍按压，静置10分钟。

6. 油锅温度达到180℃后，将猪排以中火炸约3分钟（呈金黄色），再翻面炸约2分钟即完成（双面皆呈现漂亮的金黄色），取出猪排放在架子上沥油，静置一下即可享用。

小贴士

猪排炸的时间不用太久，否则肉质会变老不好吃！炸完的猪排静置一下，能让猪排更鲜嫩多汁！

如果家里没有温度计，也可利用筷子测试油温是否足够，当筷子插入油中快速在周边出现非常多的小泡泡时，就代表可以下锅油炸了。

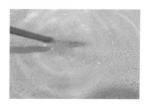

煎猪颈肉

猪颈肉的油脂丰富，口感又鲜脆，

跟其他的猪肉部位比较起来色泽显得白嫩，所以才有"松阪猪、霜降肉"的美称。

利用盐软化肉质，并加入柠檬增添清新的香气，热吃或便当都很适合！

1人分量 115克	总糖分 1.8克	总热量 184.6卡	膳食纤维 0克	蛋白质 17.6克	脂肪 11.9克

食材（2人份）

猪颈肉200克
盐20克
新鲜柠檬汁10克
食用油少许

做法

1. 将猪颈肉放入密封袋中，倒入柠檬汁和盐混合均匀（腌制至少8小时以上或可先腌制起来，隔天再料理）。

2. 使用平底锅，开中小火，待锅热时倒入食用油，再放入已腌制好的猪颈肉。

3. 转小火，将猪颈肉两面各煎约4分钟至焦黄色。

4. 将猪颈肉取出放在盘中静置10分钟即可享用。

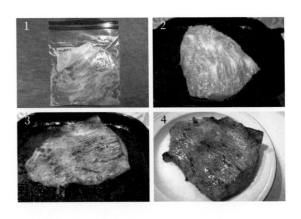

猪肉料理

杏桃炖香煎小里脊

猪小里脊肉又称腰内肉，十分软嫩，有猪菲力之称。

这道杏桃炖香煎小里脊，利用干杏桃搭配法式的浓郁酱汁，

有别于平常所吃的料理，会有不同的味蕾口感！

1人分量 400克	½份糖分17.8克 总糖分35.6克	½份热量302.4卡 总热量604.7卡	膳食纤维 2.9克	蛋白质 27.5克	脂肪 37.5克

食材（3人份）

小里脊肉350克
干杏桃12个
黄油50克
洋葱160克
白酒100毫升
鸡高汤250毫升
月桂叶1片
淡奶油210克
法香粉少许

做法

1. 将一整条小里脊肉切成6块。

2. 使用平底锅，开中小火，放入一半黄油，待黄油微起泡时，放入肉块煎至两面全熟。

3. 将肉块放置盘中，盖上锡箔纸备用。

4. 使用原锅倒掉锅内多余的油脂，放入剩下的黄油及洋葱碎、干杏桃、月桂叶，小火拌炒至软。

5. 转中火，接着倒入白酒煮至沸腾，再加鸡高汤，盖上锅盖后转小火炖煮至酱汁收干至一半的量。加入淡奶油拌炒均匀至汤汁顺滑，放入肉块，再盖上锅盖小火炖煮10分钟，取出肉块及杏桃放置盘中。

6. 将锅内的酱汁过滤掉杂质，再开中火稍微收一下酱汁使其变得浓稠，并倒在肉块及杏桃上，撒上法香粉即可享用。

小贴士

烹煮的过程较为烦琐，但只要按照步骤，猪小里脊肉会呈现软嫩多汁，酱汁浓郁的口感，非常适合节庆时享用。

泰式蒜泥白肉

泰式蒜泥白肉在炎热的夏天里是一道开胃菜。

只要调配好酱汁，省时又美味！

1人分量 192.5克	总糖分 7.3克	总热量 629.7卡	膳食纤维 3克	蛋白质 25.2克	脂肪 52.8克

食材（2人份）

五花肉片250克

蒜末10克

碎花生米25克

新鲜柠檬汁15克

鱼露20克

酱油15克（生酮饮食请改用无糖酱油）

白醋15克

香菜15克

米酒1大匙

葱末5克

洋葱少许

做法

1. 准备一锅开水倒入米酒，沸腾时放入冷冻的五花肉片，汆烫至熟马上起锅。

2. 将蒜末、碎花生米、新鲜柠檬汁、鱼露、酱油、白醋、葱末混合均匀即为酱汁，把五花肉片沥干放在洋葱上，再淋上酱汁、撒上香菜装饰即可。

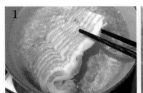

小贴士

鱼露是泰式料理中不可或缺的灵魂！

生酮版营养成分

1人分量 192.5克	总糖分	总热量	膳食纤维	蛋白质	脂肪
	6.9克	628.6卡	3克	25.4克	52.8克

腐乳肉

红曲是对身体非常好的食材，这里我们使用红腐乳

来做这道上海著名的料理，更增添了浓郁的曲香，吃起来超级下饭！

1人分量	总糖分	总热量	膳食纤维	蛋白质	脂肪
306.7克	5.6克	846.6卡	0.5克	32克	71.6克

食材（3人份）

带皮猪五花肉600克

红腐乳50克

酱油45克（生酮饮食请改用无糖
酱油）

米酒80克

水100毫升

冰糖5克（生酮饮食请去除）

葱段20克

姜片10克

蒜10克

食用油适量

做法

1. 在热锅内倒入食用油，放入姜片、蒜、葱段，
炒出香味。

2. 开中火，放入已清洗干净且擦干的带皮猪五花
肉块翻炒至变白。

3. 加入冰糖再炒至冰糖融化且肉上色。

4. 倒入所有剩下的材料至锅内，开大火水开后即
转小火，盖上锅盖焖煮至汤汁浓稠即完成（中
途可开锅翻炒一下避免汤汁烧焦）。

生酮版营养成分

1人分量 305克	总糖分	总热量	膳食纤维	蛋白质	脂肪
	3.9克	840.2卡	0.5克	32克	71.6克

猪肉料理

可乐肉酱

用可乐来料理卤肉的卤汁，

甜甜咸咸的味道非常下饭！

又可做成料理包，随吃随用！

1人分量 400克	总糖分 13.8克	总热量 408.5卡	膳食纤维 1.4克	蛋白质 30克	脂肪 22克

食材（4人份）

猪肉馅600克

蒜末25克

红葱头25克

姜片15克

八角2个

酱油45克

酱油膏15克

米酒60毫升

可乐270毫升

水540毫升

做法

1. 在热锅内倒入食用油，放入姜片、蒜末、切碎的红葱头、八角，炒出香味。

2. 放入猪肉馅炒至变白。

3. 倒入酱油、酱油膏，炒至均匀上色。

4. 倒入米酒、可乐、水，大火煮开后盖上锅盖转小火炖煮40分钟，待汤汁浓稠即完成。

小贴士

如果时间允许的话，不妨自己剁馅，更富油脂，口感更好！

猪肉料理

波隆那肉酱

传统的波隆那肉酱是完全不用新鲜西红柿及混合猪肉馅来制作，

但是在意大利每一家都有自己不同的特殊手法。

这里我们加入一半的猪肉馅能使肉酱的口感滋味更好，

而高汤是决定肉酱好吃的关键！可做成波隆那肉酱千层面或是蘸酱。

1人分量 312.5克	½份糖分16.7克 总糖分33.3克	½份热量283.2卡 总热量566.3卡	膳食纤维 5.6克	蛋白质 32.3克	脂肪 31.9克

食材（4人份）

猪肉馅、牛肉馅各300克
洋葱末150克
新鲜西红柿1个
番茄酱250克
高汤75克（做法请见94页）
黄油25克
现磨玫瑰盐适量
现磨黑胡椒适量
食用油适量

做法

1. 在平底锅热锅后，倒入食用油、猪肉馅、牛肉馅炒至出油变白。

2. 加入适量的现磨玫瑰盐及黑胡椒翻炒一下。

3. 在炖煮锅内放入黄油融化，并呈现表面起小泡泡的状态。

4. 放入洋葱末炒至变软微焦化。

5. 倒入炒好的混合肉馅、新鲜西红柿、高汤，翻炒均匀。

6. 加入番茄酱，翻炒均匀盖上锅盖转小火炖煮至汤汁浓稠即可。

小贴士

1.经典的波隆那肉酱会配上宽扁面，而不是细细的意大利面，主要是能够吃到更多的肉酱，也可以使用蝴蝶面，让孩子吃起来更开心！

2.波隆那肉酱可冷冻保存，小袋分装后标注食材名称和日期，放入冰箱冷冻保存，要料理前一晚移至冷藏区低温解冻！

波隆那肉酱佐墨西哥玉米片

在波隆那肉酱加入塔巴斯科辣椒酱，

再放上满满的奶酪，不到 20 分钟就能拥有一道"邪恶"的宵夜！

1人分量 225克	½份糖分22.3克 总糖分44.6克	½份热量326.3卡 总热量652.7卡	膳食纤维 3.3克	蛋白质 24.6克	脂肪 40.6克

食材（2人份）

波隆那肉酱250克
马苏里拉奶酪100克
墨西哥玉米片100克
辣椒酱适量

做法

1. 取一烤盘放入波隆那肉酱，加入适量的辣椒酱。

2. 放上马苏里拉奶酪。

3. 烤箱200℃预热10分钟，烘烤20分钟。

4. 表面呈金黄色，即可搭配墨西哥玉米片享用。

小贴士

和酸奶油一起搭配着吃，会更加美味！

小羊排、小羊肩排

法式小羊排的肉质是所有羊肉种类中最细嫩好吃的，整块的法式小羊排适合拿来料理餐宴型的佳肴，是市面上较难买到的品种。羊肩排的肉质带有脂肪与少许的筋，用来煎、烤、炖煮都相当合适。

分装保存

适量分装

小羊排、小羊肩排分装保存相同。买回来的小羊排、小羊肩排擦拭去血水。切割时须注意骨头的部位，顺势切下再放入密封袋中保存，并写上食材名称、日期和重量，平放冰箱冷冻保存。要料理的前一晚移到冷藏区低温解冻。

2～3周冷冻保存

冷藏低温解冻或用解冻节能板解冻

美味关键

1 料理法式小羊排需注意骨头背面有一层薄膜，须先将薄膜去除，不仅方便切块，也会让口感更好！

2 放入喜爱的辛香料混合均匀。可先腌制起来，第二天再料理。

羊里脊肉片

分装保存

买回来的羊里脊肉片分装成每次所需的分量。密封袋里的肉片尽量平整摆放，不仅可减少使用空间，也可缩短解冻所需的时间，并写上食材名称、日期和重量，平放于冰箱冷冻保存。要料理前一晚移到冷藏区低温解冻。

2～3周冷冻保存　　　冷藏低温解冻或用解冻节能板解冻

美味关键

1　在料理前先将羊肉用辛香料抓腌一下，可以去除羊肉特有的气味。

2　可以使用腌渍柠檬与羊肉混合，更能使羊肉入味，而且不用再加盐。

小贴士

羊肉肉质与牛肉相似，但肉味较浓，比猪肉的肉质更加细嫩，但由于羊肉有一股膻味，所以有些人不敢吃。羊肉是冬季进补，有益气血的最佳温热补品，羊肉本身所含的必需氨基酸也均高于牛肉、猪肉和鸡肉，更是异国料理中常用的肉品。

羊肉料理

皇冠羊排

看似复杂的皇冠羊排，做法很简单，庆祝特别的日子时绝对是一道让人惊艳的料理！

使用法式芥末籽酱及香料粉腌制，让小羊排吃起来不仅风味佳，

肉质细嫩的好口感绝对令人念念不忘！

1人分量 276克	总糖分 1.6克	总热量 712.3卡	膳食纤维 0.7克	蛋白质 50.8克	脂肪 54克

食材（3人份）

小羊排792克
法式芥末籽酱30克
麻绳数条
法香粉2克
罗勒粉2克
黑胡椒2克

做法

1. 将一整块的小羊排洗净擦拭过血水后，使用叉子将羊排正反两面都戳洞，并均匀的抹上香料粉。

2. 去除肋骨上的薄膜后，从羊排的肋骨相间处切开（不要切断）。

3. 将羊排翻至正面抹上法式芥末籽酱。

4. 由反面开始将羊排整个卷起来，底部的部分可稍微切开好整形，再使用麻绳固定。

5. 将羊排放烤盘上，烤箱230℃预热10分钟，烤20分钟。

6. 将羊排取出，盖上锡箔纸，把烤箱温度调至180℃烤12分钟即可。

小贴士

小羊排的反面肋骨上有一层薄膜，记得一定要去除掉，不然无法顺利切割羊排！

羊肉料理

香草酥羊排

美味的香草酥羊排使用新鲜的香草及面包粉制作，

建议新鲜的香草要有欧芹，色泽会更加鲜绿漂亮。

这里使用各式新鲜香草及杏仁粉取代，一样色香味俱全！

1人分量	总糖分	总热量	膳食纤维	蛋白质	脂肪
352.5克	12.8克	992.1卡	7克	64.4克	72.7克

食材（2人份）

小羊肩排600克
法式芥末籽酱15克
新鲜香草：罗勒叶、百里香、迷迭
香、欧芹共50克（只取叶子）
烘焙用杏仁粉30克
现磨黑胡椒适量
现磨玫瑰盐适量
橄榄油少许
无盐黄油5克

做法

1. 将一整块的小羊肩排洗净擦拭过血水后，使用叉子将肉正反两面都戳洞，在正面沿着骨头的方向划三刀，并均匀的抹上现磨黑胡椒及玫瑰盐，腌制1小时。

2. 取一平底锅热锅后，倒入橄榄油将小羊肩排每面都煎至呈现微金黄色。

3. 烤箱200℃预热10分钟，在小羊肩排放上无盐黄油送入烤箱烤10分钟。

4. 将小羊肩排均匀地刷上法式芥末籽酱。

5. 使用食物调理机将杏仁粉及新鲜香草叶打碎。

6. 将小羊肩排均匀地抹上打碎混合好的新鲜香草、杏仁粉，放入烤箱再烤8分钟即可。

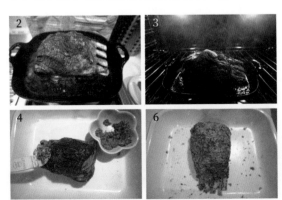

小贴士

杏仁粉不是一般冲泡的杏仁粉，而是烘焙用的杏仁粉，生酮饮食的人就可享用。如果不是生酮者，也可直接使用面包糠制作。

羊肉料理

百里香烤羊排

这道羊排含有丰富的香草气味，可先腌制放入冰箱使其入味，

隔天即便是没有时间煮饭，只要直接放入烤箱烘烤，

就能变出一道美味的晚餐，是快速上菜的好选择！

1人分量	总糖分	总热量	膳食纤维	蛋白质	脂肪
335克	0.9克	902.7卡	1.6克	57克	72.5克

食材（1人份）

小羊肩排300克
黄油15克
新鲜百里香20克
现磨黑胡椒适量
现磨玫瑰盐适量

做法

1. 将一整块的小羊肩排切割好，取要料理的分量，其余的放入密封袋中冷冻保存。

2. 取两块已切割好的小羊肩排放入保鲜袋，加入百里香、黄油，混合均匀放进冰箱冷藏腌制。

3. 要料理之前，将小羊肩排取出自然解冻后，撒上现磨黑胡椒及玫瑰盐按摩一下，放入200℃预热10分钟的烤箱中，烤20分钟左右即成。

小贴士

各家烤箱的温度各不相同，建议可先烤15分钟再看是否需增加时间。

坦都里烤羊排佐洋葱酸奶酱

1人分量	总糖分	总热量	膳食纤维	蛋白质	脂肪
512.5克	22.5克	959.2卡	3.8克	61.7克	66.4克

食材（2人份）

腌制羊排

小羊肩排600克
蒜末10克
姜末5克
洋葱半个
酸奶90克
盐3克
孜然粉3克
豆蔻粉3克
白胡椒粉3克

酸奶酱

酸奶90克
白醋15克
新鲜柠檬半个
红椒粉5克
烤好的洋葱适量
黄油适量

做法

1. 将小羊肩排，以及腌制的食材全部放入密封袋中混合，并放入冰箱冷藏腌制2小时以上。

2. 将酸奶酱的食材混合好放入冰箱冷藏备用。

3. 要料理之前将小羊肩排取出解冻，取一锅将腌制食材的洋葱倒入，并放上一小块黄油。

4. 取一烤架放在锅上（烤架的下面为洋葱），将小羊肩排放上去。

5. 将烤箱190℃预热10分钟，把做法4的锅放入烤箱，烤20分钟后将洋葱翻炒一下，羊肩排翻面继续烤20分钟。

6. 将羊肩排盛盘，并把烤过的洋葱与酸奶酱拌匀一起搭配享用。

小贴士

腌制的时间越长越能使羊排入味，可先腌制起来，第二天再料理。

香煎羊排佐西红柿黄瓜酸奶酱

这道料理很简单,在夏日里搭配清爽的小黄瓜与西红柿制作蘸酱,

能让羊排增添清新口感,因为蘸酱还加入了新鲜的柠檬汁提味,

让没有食欲的人也会胃口大开喔!

1人分量	总糖分	总热量	膳食纤维	蛋白质	脂肪
380克	3.8克	962.4卡	0.5克	57.5克	78.1克

食材（1人份）

小羊肩排300克
黄油15克
现磨黑胡椒适量
现磨玫瑰盐适量
橄榄油少许

西红柿黄瓜酸奶酱
磨成泥的小黄瓜1条
（沥干水分后约40克）
西红柿剁碎（去除水分后约20克）
酸奶180克
新鲜柠檬汁15克
现磨黑胡椒适量
现磨玫瑰盐适量

做法

1. 将西红柿黄瓜酸奶酱的食材全部混合均匀。

2. 将混合好的西红柿黄瓜酸奶酱放在冰箱里冷藏备用。

3. 将小羊肩排擦拭过多的血水后,在烧热的铸铁锅中倒入少许橄榄油,转中小火,并放入黄油。

4. 将小羊肩排两面各煎约2分钟。可将小羊肩排立起来,侧面也煎一下。撒上适量的黑胡椒及玫瑰盐。

5. 将小羊肩排静置5分钟,搭配西红柿黄瓜酸奶酱即可享用。

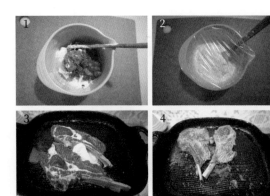

小贴士

西红柿与黄瓜尽量沥干水分再与酸奶混合，否则蘸酱的部分会有过多的水分而影响口感。

香油羊肉饭

在寒冷的冬天最适合香油料理了！做成香油羊肉饭简单又好吃！

薄薄的姜片喷香好入口，加入冰糖更能提升羊肉的风味。

已烧开的米酒没有酒味，更去除羊肉特有的膻味，是寒冷冬天的暖心料理！

1人分量 342.5克	⅓份糖分25克 总糖分75克	⅓份热量326.5卡 总热量979.5卡	膳食纤维 1.2克	蛋白质 27.4克	脂肪 50.4克

食材（2人份）

羊里脊肉片250克
姜片50克
香油50克
米酒150克
冰糖5克
生米180克

做法

1. 将洗净去皮的姜斜切成薄片。

2. 冷锅放入香油与姜片，开小火将姜片煸至微干扁。

3. 放入羊里脊肉片一起翻炒至羊肉变白。

4. 倒入米酒及冰糖一起煮开（待冰糖完全融化）。

5. 将汤汁倒入已洗净的米中（汤汁的高度和平常煮饭的水位一致）。

6. 将剩下的姜片与肉片放在米上，按下煮饭程序即成。

小贴士

姜片切得越薄口感越好，加入一点冰糖能让香油羊肉饭滋味更棒，在吃之前也可淋上一点日式酱油，超级下饭！

生酮
可食

腌渍柠檬孜然羊肉中东风味

在一家中东风味餐厅无意间吃到这道菜，加入了葡萄干与橄榄炖煮的羊肉，

让料理更具特色与丰富的味蕾层次。可以搭配北非小米，更感觉置身于异国呢！

1人分量 226.7 克	总糖分 16.4克	总热量 351.7卡	膳食纤维 4.5克	蛋白质 19.1克	脂肪 22.4克

食材（3人份）

羊里脊肉片300克
蒜末5克
姜末5克
洋葱半个
胡萝卜1根
腌渍柠檬3片
腌渍橄榄20克
葡萄干20克

香料粉

肉桂粉3克
红椒粉3克
豆蔻粉3克
孜然粉3克
白胡椒粉3克
法香粉6克

做法

1. 将切块的洋葱与蒜末、姜末炒香。

2. 将羊里脊肉片与腌渍橄榄、所有香料粉倒入一同翻炒至肉变白。

3. 放入胡萝卜丁与腌渍柠檬、葡萄干一起翻炒。

4. 加入冷水没过所有食材，待水开后盖上锅盖，转小火炖煮约45分钟即可。

小贴士

1.使用辛香料能去除羊肉特有的气味，加入腌渍柠檬不仅取代盐的部分，更能使羊肉入味。

2.如果没有北非小米，建议与香米或长粒米食用。

羊肉料理

牛油果柠檬蒜味烤羊肉串

生酮可食

1人分量 180克	总糖分 5.8克	总热量 451.8卡	膳食纤维 0.3克	蛋白质 25.7克	脂肪 37克

食材（2人份）

羊里脊肉片300克
蒜末10克
新鲜柠檬半个
牛油果柠檬蒜味沙拉酱30克

做法

1. 将羊里脊肉片与牛油果柠檬蒜味沙拉酱、蒜末、柠檬汁一起腌制8小时以上。

2. 用烤串扦子将羊里脊肉片串起来，放入190℃预热10分钟的烤箱内，烘烤30分钟即可。

小贴士

羊里脊肉片呈现焦黄色即可，如果颜色不够可自行增加烘烤的时间。

第二章

海鮮料理

三文鱼

三文鱼无论用什么方法来料理，都非常美味。三文鱼属于深海鱼，其所含的 ω-3脂肪酸不仅可以降血压和甘油三酯，也能预防中风及保持血管弹性，是很好的蛋白质及深海鱼油来源，也是生酮饮食的好选择！

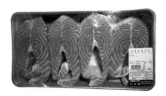

新鲜三文鱼切片

分装保存

1 鱼肉对切开分装

买回来的三文鱼如果一次吃不完可以从三文鱼中间对切再进行分装保存！

2 ~ 3周冷冻保存   冷藏低温解冻或用解冻节能板解冻

2 分片小袋包装

三文鱼可分片包装，装进密封袋，并在密封袋上标注好日期及食材名称，平放于冰箱冷冻保存。冷藏的新鲜三文鱼建议隔天就食用完毕，买回来直接冷冻的三文鱼可存放2~3周。

2 ~ 3周冷冻保存   冷藏低温解冻或用解冻节能板解冻

美味关键

盐曲与三文鱼超级搭！在三文鱼上放盐曲入烤箱一起烘烤，单纯调味更能吃出三文鱼的甘甜。

三文鱼因为油脂多，所以在料理的时候不需要太多油，只要小火慢慢煎熟即可，鱼肉不易烧焦。

烹调方式可以使用烘焙纸将鱼肉包起来料理，能保留食材最天然的鲜味！

烤三文鱼

盐曲是魔法调味品，只要加了盐曲就能激发出食材的鲜、甘、甜，

与新鲜肥美的三文鱼简单的搭配，让大小朋友都爱不释手！

如果晚餐不知道吃什么，就来道烤三文鱼吧！

1人分量	总糖分	总热量	膳食纤维	蛋白质	脂肪
90克	0.1克	132.1卡	0克	20.3克	5克

食材（3人份）

三文鱼切片250克
日本盐曲20克
葱丝少许

做法

1. 将洗净拭干的三文鱼放置于烤盘中。

2. 将盐曲均匀地覆盖在三文鱼朝上的那面。

3. 烤箱190℃预热10分钟，将三文鱼放入最上层烤25 ~ 30分钟，撒上葱丝装饰即可。

1

3

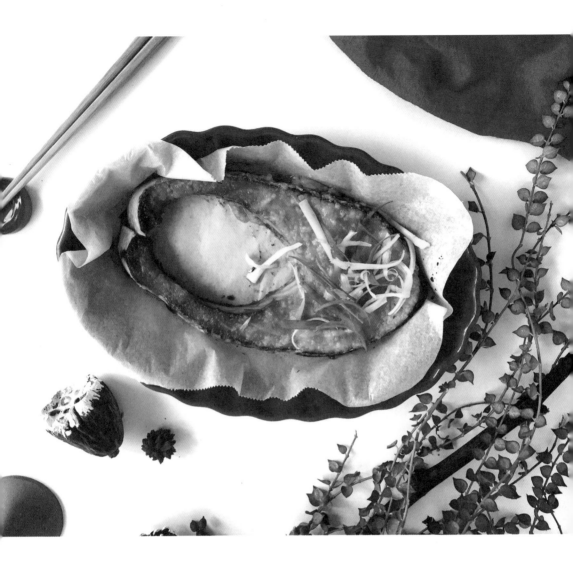

小贴士

1. 盐曲的使用非常广泛，可以料理鱼、肉，或是炒青菜，来取代部分的调味料，是厨房必备的秘密武器之一。

2. 如果时间足够，可将抹好盐曲的三文鱼放置于冰箱中，隔天再料理。若没有时间，直接涂抹烤制一样好吃。

香柠法式纸包鱼

纸包鱼来自意大利的威尼斯，使用热气循环的原理，不仅能维持鱼肉的香气，更能突显肉质的细嫩，蔬菜的营养价值也被完全锁在里面，汁液更不会流失！纸包鱼打开的瞬间是满满的大海气息，超级简单又健康美味！

1人分量	总糖分	总热量	膳食纤维	蛋白质	脂肪
325克	6.4克	433.4卡	2克	62.6克	15.1克

食材（1人份）

三文鱼250克
甜椒50克
蒜4瓣
腌渍柠檬2片
葱花少许
烘焙纸
订书机

做法

1. 取一张A4大小的烘焙纸，将切成条状的甜椒放上一半的分量，再放上清洗好擦拭干的三文鱼，再放剩下的甜椒、蒜及腌渍柠檬。

2. 将烘焙纸对折包起，两边同样稍微折起如糖果包装，再使用订书钉固定，使食材完整包裹在烘焙纸内。

3. 烤箱200℃预热10分钟，将纸包鱼放入烤箱烤15分钟即可。

小贴士

使用烘焙纸烹调鱼肉，最能品尝到食材的天然美味，包法有很多种，只要注意固定好，避免
烘烤过程中汤汁溢出就可以了。

西蓝花三文鱼白酱意大利面

简单好吃的白酱意大利面是小朋友的最爱，使用最单纯的调味料理，

满满的奶香配上营养丰富的三文鱼，保证吃得健康又安心！

1人分量 630克	¼份糖分24.9克 总糖分99.6克	¼份热量286.6卡 总热量1146.5卡	膳食纤维 5.2克	蛋白质 85.5克	脂肪 41.7克

食材（1人份）

三文鱼250克
自制白酱150克（做法请见156页）
西蓝花100克
黄油10克
意大利面225克（生酮饮食请改成魔芋面）
现刨帕玛森奶酪适量
现磨黑胡椒适量
现磨玫瑰盐适量
盐适量
橄榄油少许

做法

1. 将清洗好擦拭干的三文鱼双面抹一点盐，放入已190℃预热10分钟的烤箱内烤20分钟。

2. 将烤好的三文鱼去刺备用。

3. 煮开一锅水，倒入少许橄榄油、盐，用伞状的方式下意大利面煮至八分熟，取出备用。

4. 准备另一锅放入白酱加热。

5. 放入西蓝花、意大利面、三文鱼、黄油，焖煮一下，加入适量现磨黑胡椒、玫瑰盐及现刨帕玛森奶酪即可。

小贴士

白酱冷却后会变得较浓稠，可随时增加牛奶稀释，再添加盐及胡椒调味即可。

意大利面换成魔芋面

1人分量 630克	½份糖分10.2克	½份热量394.1卡	膳食纤维	蛋白质	脂肪
	总糖分20.4克	总热量788.1卡	13.1克	70.2克	40.3克

自制白酱

| 总分量 480克 | 20克糖分2.1克 总糖分51.5克 | 20克热量29.2卡 总热量701.8卡 | 膳食纤维 1.5克 | 蛋白质 15.9克 | 脂肪 48克 |

食材

低筋面粉40克

黄油40克

牛奶400克（不想要太浓稠可增加牛奶的分量）

现磨黑胡椒（依个人口味自行增减）

现磨玫瑰盐（依个人口味自行增减）

做法

1. 取一小锅，将黄油放入锅内，小火加热至完全融化。

2. 熄火，并分两次加入面粉迅速搅拌，直到面粉与黄油完全融合，开小火持续搅拌至起泡，熄火。

3. 分两次加入牛奶持续搅拌至完全融合，酱汁搅拌顺滑即可。

4. 持续搅拌至完全融合且呈现丝绸状即完成。

5. 加入适量的盐及黑胡椒。

基础白酱的比例：低筋面粉：黄油：牛奶 = 1：1：10。如果想要大量制作，可以待冷却后再分装至密封袋中。

小贴士

1. 白酱的制作非常简单，只要注意黄油及面粉在翻炒的过程中不要烧焦。如果担心烧焦的话，可以随时将锅离火搅拌。
2. 冷藏或冷冻后所解冻的白酱，会有结块的情况，只要加热并持续搅拌就会变顺滑。
3. 当白酱变得过度浓稠时，可随时增添牛奶、淡奶油或高汤搅拌稀释。

香煎三文鱼佐时蔬

三文鱼的烹饪手法可以煎煮烧烤，但是要怎么煎出漂亮的鱼肉又不粘锅？

好食材很重要，稍厚些的三文鱼，是煎鱼料理的好选择！

1人分量	总糖分	总热量	膳食纤维	蛋白质	脂肪
285克	1.9克	444.3卡	0.8克	61.7克	19.2克

食材（2人份）

三文鱼500克
各类蔬菜50克
蒜10克
黑胡椒少许
黄油10克
现磨玫瑰盐少许
新鲜柠檬半个
橄榄油少许

做法

1. 将三文鱼清洗干净，从中间切开分为两片，并使用餐巾纸拭干，双面撒上些玫瑰盐。

2. 确认油锅是否已达热度，刷上少许橄榄油。

3. 转小火将三文鱼慢煎至金黄色，过程中不要一直翻动，否则会粘锅。

4. 确认单面呈现漂亮金黄色，同时鱼肉一半已变白时，即翻面再煎。

5. 将三文鱼各面包括鱼皮都煎至金黄色，撒上适量黑胡椒，并挤上柠檬汁。

6. 将黄油与蒜爆香，放入各类蔬菜焖煮至熟，即可与三文鱼一同享用。

小贴士

1.鱼肉要用餐巾纸蘸干水分，并确认油锅已够热，刷上少许的橄榄油可防粘锅。三文鱼本身油脂丰富，不需太多油，下锅小火慢煎，可使鱼肉不易烧焦。

2.煎的过程当中不要翻动鱼身，否则易粘锅且造成鱼肉、鱼皮脱离。

菠菜三文鱼咸派

当你学会自己做派皮时，任何的馅料都可以成为独一无二的法式咸派！

在做咸派时请避免使用容易出水的蔬菜，若要用菠菜这类的蔬菜，

一定要记得先烫过并把水分去除才可放入派中。

1人分量 241.3克	½份糖分25.6克 总糖分51.1克	½份热量322.1卡 总热量644.2卡	膳食纤维 2.3克	蛋白质 24.7克	脂肪 36.6克

食材（4人份）

酸奶20克

淡奶油60克

黄油15克

全蛋1个

蛋黄1个

菠菜叶100克

三文鱼250克

豆蔻粉½茶匙

法香粉½茶匙

盐1茶匙

派皮1个（做法请见162页）

做法

1. 将淡奶油、酸奶、全蛋、蛋黄、豆蔻粉、法香粉、盐全部搅拌均匀制成奶酱。

2. 将菠菜用开水烫一下，使用滤网将水滤除压干。

3. 锅中放入黄油，用小火将三文鱼煎熟。

4. 将三文鱼去除鱼刺及鱼皮，切碎。

5. 将滤干水分的菠菜、去除鱼刺的三文鱼与搅拌好的奶酱混合均匀。

6. 将混合好的馅料均匀倒入已烤好的派皮中，放入已180℃预热10分钟的烤箱中烤25分钟即可。

菠菜保存法

菠菜如果买回来没有在3天内食用完，菜叶很快就会腐烂。如果想要将保存时间拉长，可以将购买回来的菠菜，清洗好滚水烫一下，沥除水分，待完全冷却后，放入冷冻室中可保存一星期。菠菜运用在意大利面或咸派这类料理时，完全不会影响口感，但不可使用在凉拌或炒的菜上会不好吃。

小贴士

1.三文鱼可使用无刺的三文鱼菲力就不用除刺，也可放入烤箱190℃烤20分钟代替油煎（用煎的方法较快，三文鱼较香；用烤的方法较慢，但无油烟，视个人喜好）。

2.菠菜请务必将水分沥干。

3.奶酱请混合均匀以避免影响口感。

自制派皮

总分量 445克	50克糖分21.5克 总糖分191.6克	50克热量202.6卡 总热量1803卡	膳食纤维 5克	蛋白质 22.2克	脂肪 103.2克

食材

中筋面粉或低筋面粉250克
盐5克
冰无盐黄油120克
冰水60克
蛋液少许
十寸派皮模具一个

做法

1. 准备一个大盆，将面粉过筛加入盐，再将切成1厘米见方的正方形冰黄油放入面粉中。

2. 将冰黄油与面粉搓成颗粒状后，中间挖一个洞，倒入冰水。

3. 用覆盖的方式制成面团，勿搅拌使其出筋，成团后使用保鲜膜包起来，放入冰箱松弛至少半小时。

4. 取出面团后，使用擀面棍擀成比派皮模再大一点，将整个派皮放到派模上。

5. 使用擀面棍将周边多余的派皮去除。再使用叉子在派皮上按压，放入冰箱冷冻1小时或冷藏3小时。

6. 烤箱180℃预热10分钟，在派皮上放烘焙纸后，再均匀的倒入烘焙石（可使用红豆或绿豆代替），放入烤箱中层烘烤10分钟。

7. 将派皮取出，把烘焙纸及烘焙石整个拿起来，在派皮刷上蛋液，再放回烤箱烤15分钟。

8. 派皮完成不需脱模，可直接倒入馅料烘烤，再一并脱模即可。

小贴士

1.面粉若使用低筋面粉，做出来比较酥松。

2.冰黄油与面粉搓成颗粒状时，注意手尽量不要碰到黄油，用面粉去包裹黄油来进行。

3.烘焙石（可使用红豆或绿豆代替）可避免派皮在烘烤过程中鼓起来。

4.做好的面团可冷冻保存3个月，也可在烘烤派皮待完全冷却后冷冻保存1个月。

酸奶芥末籽烤三文鱼

简单又好吃的酸奶芥末籽烤三文鱼，拿来宴客也会是大受好评的一道菜品！

不仅烘烤出来漂亮，前期准备时间少，又不会有油烟的烦恼！

混合新鲜现磨的帕玛森奶酪一起作为酱料，是增添口感层次的秘密武器。

1人分量 295克	总糖分 4.4克	总热量 483.4卡	膳食纤维 0克	蛋白质 66.5克	脂肪 20.4克

食材（1人份）

三文鱼250克
芥末籽酱10克
现磨帕玛森奶酪10克
酸奶25克
葱花少许
橄榄油少许

做法

1. 取一烤盘，放上烘焙纸，刷上薄薄一层橄榄油。

2. 将清洗好拭干的三文鱼放上烤盘。

3. 将芥末籽酱、现磨帕玛森奶酪、酸奶混合均匀，在三文鱼上面涂上厚厚的一层酱料。

4. 放入已190℃预热10分钟的烤箱中层烘烤约20分钟，再放上葱花即完成。

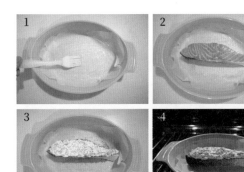

小贴士

如果没有新鲜现磨的帕玛森奶酪，也可用一般的帕玛森奶酪代替。

生虾仁

以急速冷冻的方式让虾仁保持新鲜，是最大的特色，料理时会更方便顺手，是烹饪的好选择！

带尾特大生虾仁

分装保存

购买回来的虾仁不用进行另外的分装，请尽快放置冷冻中保存。如果解冻后应立即料理，不可再次冷冻，避免虾仁的品质受到影响。进行解冻时可放于冷藏室低温解冻，这样才能保留虾仁的甜味。

| 2～3周冷冻保存 | 冷藏低温解冻或用解冻节能板解冻 |

美味关键

虾如果与一些酱料腌制料理，在煎的时候会有酱汁，此时要使用中大火，让酱汁包裹住虾，口感会更好！

干贝

急速冷冻的保存法也是维持干贝品质的重点之一，可以吃到最佳的鲜度与甜味。

北海道干贝

分装保存

购买回来的干贝不用另行分装，请尽快放置冷冻中保存，料理前取出需要的分量。进行解冻时可于前一晚移至冷藏室中低温解冻，才能保留干贝的鲜甜。

2 ~ 3周冷冻保存

冷藏低温解冻或
用解冻节能板解冻

美味关键

在料理干贝之前记得要擦干水分，下锅后干贝有些收缩的时候再撒盐，干贝原汁原味才会被保留。

167

芒果大虾沙拉

夏天是芒果的季节，当没食欲时，最适合来道开胃又快手的芒果大虾沙拉！
不仅有蛋白质、大量蔬菜，还富含维生素C，绝对令人胃口大开！

1人分量 380克	总糖分 20.2克	总热量 349.5卡	膳食纤维 4.1克	蛋白质 22.6克	脂肪 19.6克

食材（2人份）

生菜150克
洋葱50克
法式油醋芥末籽酱30克
新鲜柠檬半个
虾120克
芒果250克（生酮饮食可改用牛油果）
西红柿50克
核桃30克
菲达奶酪半盒

做法

1. 准备好法式油醋芥末籽酱。

2. 将生菜清洗干净，并用冰块水冰镇5分钟，再彻底沥干。

3. 将菲达奶酪倒入生菜中搅拌。

4. 将剩下的食材倒入和生菜拌一下，最后挤上柠檬汁即可享用。

小贴士

1.生菜使用冰块冰镇一下，可使生菜更脆绿，口感更佳！

2.酱汁在食用前淋上，可避免生菜变软。

3.生酮饮食请注意芒果食用的量，也可直接改用牛油果。

生酮版营养成分

1人分量 380克	总糖分	总热量	膳食纤维	蛋白质	脂肪
	12.2克	387.2卡	7.8克	24.1克	25.4克

法香大虾佐莎莎酱

自己做的莎莎酱吃起来健康又清新，加上鲜甜的法香大虾，整个食欲大开！

可搭配较硬口感的面包作为前菜，或作为宴客时的料理，都会宾主尽欢！

1人分量 357.5克	总糖分 16.9克	总热量 395.4卡	膳食纤维 4.6克	蛋白质 24.3克	脂肪 24.3克

食材（2人份）

莎莎酱
西红柿半个
洋葱⅓个
黄椒⅓个
青椒⅓个
红椒⅓个
新鲜柠檬汁10克
初榨橄榄油30克
巴萨米克醋10克
新鲜欧芹10克

辣椒酱适量
现磨黑胡椒适量
现磨玫瑰盐适量

法香大虾
大虾200克
蒜末10克
黄油15克
法香粉5克

做法

1. 将西红柿切碎，使用滤网将水分沥掉。

2. 将莎莎酱的食材全部切碎并混合起来备用，加入适量的辣椒酱、现磨黑胡椒与玫瑰盐。

3. 热锅，将黄油放入融化，倒入蒜末炒一下。

4. 将清理好的大虾放入锅中。

5. 开中大火将虾煎至熟，并撒上法香粉即完成。

牛油果大虾墨西哥卷饼

吃不完的莎莎酱可以拿来夹在三明治中，或墨西哥饼皮里，结合牛油果与鲜虾，
不论是当早餐或是和家人朋友外出野餐的轻食都很适合，看起来漂亮又美味！

1人分量 340克	½份糖分14.3克 总糖分28.6克	½份热量217.6卡 总热量435.2卡	膳食纤维 7.6克	蛋白质 24.6克	脂肪 21.7克

食材（2人份）

墨西哥饼皮2片
哈瓦蒂奶酪2片
虾8只
黄油10克
法香粉5克
牛油果1个
自制莎莎酱适量（做法请见170页）

做法

1. 将牛油果对半切开，去皮去核。

2. 将一半的牛油果切片，另一半的牛油果压成泥与自制莎莎酱混合均匀。

3. 在平底锅内放入黄油，再倒入虾，开中大火将虾煎熟。

4. 再撒上法香粉。

5. 烤箱180℃预热10分钟，将哈瓦蒂奶酪均匀地放在墨西哥饼皮上，放入烤箱烤3～5分钟。

6. 将烤好的墨西哥饼皮上各放入已混合的牛油果莎莎酱、切片的牛油果、虾，再卷起来即完成。

小贴士

墨西哥饼皮不需要烤太久，以免焦掉。哈瓦蒂奶酪很容易融化，所以烘烤时间要稍微控制一下，不宜过长。

蜂蜜蒜香虾佐牛油果长棍

蜂蜜及蒜的香气与酱油混合非常搭，配上清爽的牛油果柠檬泥，

不仅制作起来简单，且非常适合当作派对的小点，或是餐前菜、下午的点心。

牛油果因为加入了柠檬汁，可防止氧化变黑，不用担心做好没有马上吃而影响美观。

1人分量	½份糖分18.8克	½份热量169.2卡	膳食纤维	蛋白质	脂肪
210克	总糖分37.5克	总热量338.4卡	5克	14.6克	13.2克

食材（4人份）

蜂蜜10克
酱油10克
蒜末10克
黄油10克
柠檬汁10克
虾120克（约8只大虾）
牛油果1个
橄榄油10克
盐¼茶匙
柠檬汁10克
法香叶¼茶匙
现磨黑胡椒少许
长棍面包1个
新鲜薄荷叶少许

做法

1. 将蜂蜜、酱油、蒜、柠檬汁混合均匀。

2. 将调好的酱汁与清理过的虾混合腌制备用。

3. 将牛油果去皮去籽，与橄榄油、盐、黑胡椒、法香叶、柠檬汁混合压成泥，备用。

4. 将长棍面包斜切分为8片（烤箱烤一下）。

5. 在平底锅内放入黄油，再倒入已腌制好的虾，开中大火将虾煎至熟并双面均匀地裹上酱汁。

6. 在烤好的长棍面包放上适量的牛油果泥，再放上一只虾，并撒上新鲜薄荷叶即完成。

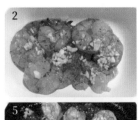

小贴士

1.虾在刚煎的时候会有很多酱汁，所以要使用中大火，尽量让虾在锅内均匀附着上酱汁，才
　会有烧烤的口感。
2.牛油果加入柠檬汁，可防止氧化变黑。

锅巴虾仁干贝

号称天下第一菜的锅巴虾仁是江苏的名菜，我们加入巨大干贝使其海味更佳浓郁。

传统的做法须将锅巴用高温油炸的方式，这里使用烤箱可达到同样效果，却更健康！

尤其倒下馅料的那一刻会听到滋滋作响的声音，在家也能感受到下馆子的乐趣！

1人分量 270克	½份糖分25.6克 总糖分51.2克	½份热量278.2卡 总热量556.4卡	膳食纤维 0.5克	蛋白质 57.6克	脂肪 12.5克

食材（2人份）

市售锅巴100克

大虾5只

干贝5个

盐½茶匙

米酒10克

酱油10克

香油5克

高汤150克（做法请见94页）

姜3片

蒜拍碎3瓣

油菜1棵

小葱2根

做法

1. 开中火，将姜片、蒜爆香。

2. 加入葱段炒出香味。

3. 加入高汤煮开5分钟。

4. 取一炒锅热锅后，放入一片姜片爆香，加入切开的干贝、虾翻炒，放盐、米酒、酱油，大火快炒后倒入刚刚的高汤锅中。接着放入油菜，开大火使汤汁浓稠，倒入香油翻炒一下即完成。

5. 烤箱180℃预热10分钟，将锅巴烤10分钟。

6. 在铸铁锅中放入烤好的锅巴，上桌前再倒入已煮好的馅料，汤汁倒下去的时候会听到滋滋作响的声音。

市售的锅巴在大型超市即可买到，非常方便！

黄油嫩煎干贝佐法式白酱

如果吃腻了干煎干贝，不妨试试这道使用自制白酱来料理的嫩煎干贝。

浓郁又有柠檬香气的口感，可当作配菜或前菜，搭配长棍面包蘸着酱汁吃，

或是拌入意大利面，小朋友都会吃得一干二净。

1人分量	总糖分	总热量	膳食纤维	蛋白质	脂肪
175克	24.7克	473.8卡	0.5克	71.2克	10.2克

食材（2人份）

干贝8个
蒜末10克
新鲜柠檬半个
黄油10克
现磨黑胡椒适量
现磨玫瑰盐适量
自制白酱30克（做法请见156页）
淡奶油30克
新鲜薄荷叶少许

做法

1. 取一小锅，倒入自制白酱、淡奶油加热，搅拌均匀备用。

2. 取一平底锅，热锅放入黄油及蒜末炒香。

3. 开中火，放入干贝，煎至干贝有点缩小就撒上现磨黑胡椒及玫瑰盐，两面呈现焦黄色即可取出备用。

4. 使用原锅，倒入步骤1中一半的酱汁，煮开后关火。

5. 煮好的酱汁应顺滑（若太稠可加入牛奶调稀，挤入半颗柠檬汁搅拌均匀。

6. 在盛盘的干贝上倒入酱汁，并撒上切碎的新鲜薄荷叶即完成。

干贝记得一定要擦拭掉多余的水分再下锅，见干贝微缩时再下盐，可保留干贝的原汁。

鲷鱼

鲷鱼又叫加吉鱼、加真鲷，取鲷鱼两侧最肥美无刺的鱼肉，让我们在料理时不仅更方便，也不用担心孩子会吃到鱼刺，是做副食的好帮手！

鲷鱼背肉

分装保存

分袋保存

购买回来的鲷鱼可以直接拆除外包装盒，并在密封包装上标注食材名称、日期，放入冷冻中保存。料理前一晚移至冷藏区低温解冻。

约1个月冷冻保存

冷藏低温解冻或
用解冻节能板解冻

单片分装

如果一次无法食用完毕，也可以趁刚买回来时将真空包装打开，轻轻地掰开鲷鱼，将鲷鱼分成单片放进冷冻密封袋中，挤出空气，并在密封袋上标示日期、食材名称，送进冰箱平放，冷冻保存，料理前一晚移至冷藏区低温解冻。
已打开而另行使用密封袋冷冻保存的鲷鱼片，请尽量在两个星期内食用完。

2～3周冷冻保存

冷藏低温解冻或
用解冻节能板解冻

美味关键

鲷鱼洗净擦干切块后，裹上一层蛋液，可取代粉类的功能，在鲷鱼煮熟后有定形的效果。

料理鲷鱼时可加入黄油，除了增加香气外，鲷鱼也会更美味！可在鲷鱼煎好一面后再放入黄油，避免鱼肉表面烧焦而内部不熟的情况发生。

南瓜鲷鱼豆腐煲

1人分量 397.5克	½份糖分19.6克 总糖分39.1克	½份热量191.4卡 总热量382.8卡	膳食纤维 7.3克	蛋白质 26.5克	脂肪 10.8克

食材（2人份）

鲷鱼约200克
栗子南瓜¼个
豆腐半盒
蛋黄1个
姜1片
蒜1瓣
酱油¼茶匙
盐¼茶匙
有盐黄油5克
米酒10毫升
葱花少许
食用油少许

做法

1. 取一炖锅，开中火，放入黄油及蒜末炒香，再放南瓜块，稍微翻炒一下。倒入水没过食材，水开后即转小火，盖上锅盖焖煮至软烂。

2. 将鲷鱼洗净擦干切小块，加入盐、米酒、蛋黄，混合抓匀。

3. 取一平底锅，刷上一层食用油，放入姜将鲷鱼煎至金黄，不需熟透，备用。

4. 将步骤1蒸熟的南瓜搅拌均匀，放入豆腐块，倒入酱油轻轻搅拌。

5. 放入煎好的鲷鱼，待水开时盖上锅盖焖煮1分钟即可，上桌前可撒上葱花装饰。

小贴士

鲷鱼很容易在熟的时候碎掉，裹上一层蛋黄液可使其定形，又可代替粉类。

阿拉斯加炸鱼佐塔塔酱

某次收到从阿拉斯加带回来的炸鱼粉，烹调过后觉得实在太特别了，而且很好吃！
原来是因为里面加了椰子粉。在这里和大家分享自己调整过后较简易的做法，
带有椰子淡淡的香气，真的很惊艳！

1人分量	总糖分	总热量	膳食纤维	蛋白质	脂肪
240克	21.1克	344.9卡	2.9克	27.3克	17.1克

食材（3人份）

鲷鱼约350克
低筋面粉50克
椰子粉50克
鸡蛋1个
现磨黑胡椒适量
现磨玫瑰盐适量

塔塔酱
洋葱25克
酸黄瓜4条
鸡蛋1个
沙拉酱50克
现磨黑胡椒适量

做法

1. 将鲷鱼切大块，均匀的抹上现磨黑胡椒及玫瑰盐静置一下。

2. 将鲷鱼裹上全蛋液。

3. 将低筋面粉及椰子粉混合均匀，把裹上蛋液的鲷鱼再裹上粉。

4. 确认油温已达180℃。

5. 将裹好粉类的鲷鱼放入锅中油炸。

6. 将鲷鱼炸至金黄，取出放在厨房纸上吸油。搭配塔塔酱即可。

塔塔酱的做法

将切碎的洋葱、酸黄瓜、煮熟的鸡蛋末、沙拉酱，以及适量的现磨黑胡椒搅拌均匀。

小贴士

椰子粉在一般的烘焙材料店可买到。使用低筋面粉会使面皮比较酥，也可用中筋面粉代替。
可加入椰丝，会更有香气。

鲷鱼料理

蛋煎鲷鱼片

1人分量 125克	总糖分 2.7克	总热量 174.1卡	膳食纤维 0.1克	蛋白质 19.8克	脂肪 8.6克

食材（2人份）

鲷鱼200克
蛋黄1个
米酒1大匙
黄油5克
黑胡椒½茶匙
盐¼茶匙
姜2片
葱花少许
食用油少许

做法

1. 将洗净擦干的鲷鱼均匀地抹上盐及黑胡椒，再倒入米酒腌制。

2. 将腌制好的鲷鱼均匀地裹上蛋黄液。

3. 取一平底锅，倒入食用油并放姜片煎香。

4. 放入鲷鱼并煎至单面金黄。

5. 将鲷鱼翻面后，放上黄油煎至金黄。

6. 将煎好的鲷鱼取出放在厨房纸上吸油，盛盘撒上葱花即完成。

小贴士

不要在一开始煎鲷鱼时就放入黄油，待一面煎至金黄时再放，可避免鱼肉表面焦化，里面不熟，过多油沫产生。增添黄油不仅可多一份香气，也让鲷鱼更好吃！

第三章

烟熏料理

培根

培根有经典美式培根和精致培根两款，我比较常购买美式经典培根，因为这款培根的烟熏味道没有那么强烈。

经典美式培根

分装保存

① 一片片卷起分装

培根买回来后可以先放置冷藏保存。如果打开后，又无法在冷藏食用期限内吃完，可以将培根一片片卷起来放入密封盒内，再放入冰箱冷冻保存。使用这样的保存方式可以避免培根在解冻后出水软烂，如果一次只要使用两三片，也不会因培根粘连在一起而无法取出。

| 2～3周冷冻保存 | 自然解冻或直接料理 |

② 做成培根酱

可做成培根酱保存，在炒饭或是煎蛋时加入，会有不同的味道呈现。做好的培根酱可使用已消毒的空瓶，冷藏可保存1个月、冷冻可保存3个月。

小贴士

空瓶如何消毒？

可以使用正在煮沸的热水，将清洗干净的空瓶放入水中煮5分钟后，使用消毒的夹子取出，再放在网架上沥干水分。也可使用烤箱，设定温度为110℃，预热10分钟后，将清洗干净并甩干水分的玻璃空瓶放入烤箱烤10分钟，最后1分钟时再放入玻璃的盖子，使用余温消毒瓶盖，将玻璃空瓶及瓶盖一同取出。

火腿、香肠、腊肠

减糖生酮饮食比较少吃烟熏类食物，但由于烟熏食品选择多，非常多样化，偶尔也可以作为繁忙主妇的好帮手，可快速出菜上桌！

分装保存

火腿、香肠、腊肠可整包冷冻保存，或是用食物密封袋分装好需要的分量，并且标注好日期及食材名称，冷冻保存，料理时取出自然解冻即可。

美味关键

可用热狗制作蘸酱，混合青葱和酸奶，搭配土豆片，保证吃到停不下来（详细做法请见208页）。

培根卷鸡胸肉

培根卷鸡胸肉因为添加了培根，可弥补鸡胸肉在脂肪量上的摄取不足，

鸡胸肉不仅有舒肥过后的口感，搭上微焦的培根，在烤制时就会闻到阵阵香气，

只要放进烤箱就能完成的一道绝美料理，连小朋友都很喜欢！

1人分量 237.5克	总糖分 5.3克	总热量 543.5卡	膳食纤维 0.2克	蛋白质 42.2克	脂肪 38.7克

食材（2人份）

鸡胸肉2片

培根6片

盐¼小匙

枫糖浆15克（生酮饮食请改用
无糖枫糖浆）

豆蔻粉¼小匙

现磨黑胡椒少许

做法

1. 将洗净擦干的鸡胸肉抹上盐静置，腌制入味后，用培根将鸡胸肉包裹起来，1片鸡胸肉使用3片培根。

2. 将鸡胸肉包裹好后，放在烤盘中。

3. 将枫糖浆、豆蔻粉和黑胡椒混合均匀，淋在包裹好培根的鸡胸肉上（可使用刷子均匀涂抹表面，底部不用）。

4. 烤箱190℃预热10分钟，再放入烤箱中烤约25分钟即完成。

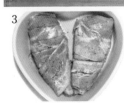

小贴士

烤箱的温度及时间视个人家里烤箱的情况，在烤制15分钟时，培根表面若呈现微焦的状态，就使用锡箔纸盖上继续烘烤。

生酮版营养成分

1人分量 237.5克	总糖分	总热量	膳食纤维	蛋白质	脂肪
	0.4克	524.5卡	0.2克	42.2克	38.7克

培根酱

买了大包装的培根后，除了冷冻保存外，也可以做成培根酱保存。

培根放冷藏的保存时间并不是很长，解冻后的培根常常会出水，

如果做成培根酱可以运用在不同的料理上，可以媲美中式的XO酱，非常方便！

总分量 570克	100克糖分11.3克 总糖分64.5克	100克热量249卡 总热量1420卡	膳食纤维 2.5克	蛋白质 43克	脂肪 107.5克

食材

培根300克
洋葱150克
蜂蜜50克（生酮饮食请改用
天然蜂蜜代糖）
40°以上烈酒50克
巴萨米克醋20克
现磨黑胡椒适量

做法

1. 将培根切成1厘米见方。

2. 开中火并适时的翻炒将培根的油脂逼出。

3. 当培根慢慢呈现焦香的感觉即可取出，锅内留下一半的油（剩下的油可留着炒意大利面，非常好吃）。

4. 将切碎的洋葱倒入原锅内，并用中小火翻炒洋葱至焦化状态，翻炒时请尽量将锅底的残渣一并炒起。

5. 倒入烈酒、蜂蜜、巴萨米克醋、现磨黑胡椒及炒好的培根，再翻炒约5分钟。

6. 酱汁炒至浓稠即完成。

小贴士

1.烈酒可使用威士忌、白兰地、君度橙酒，风味会随着不同的酒展现出不一样的特色。
2.培根酱可放入已消毒后的空瓶内，冷藏保存1个月；或放入制冰盒中制作成一块块再装进密封袋中，食用时取一块即可，冷冻保存可达3个月。
3.加入糖与酒有防腐的功效。

生酮版营养成分

总分量	总糖分	总热量	膳食纤维	蛋白质	脂肪
570克	24.8克	1264.4卡	2.5克	43克	107.5克

培根酱炒饭

培根酱可搭配在炒饭上，不仅增添风味，更能促进食欲，

即便是平凡无奇的炒饭也能变得好吃。

蒸过后也不怕影响口感，是绝佳调味品！

1人分量 215克	½份糖分28.6克 总糖分57.1克	½份热量206.7卡 总热量413.4卡	膳食纤维 4.1克	蛋白质 11.1克	脂肪 14克

食材（1人份）

什锦炒饭200克
培根酱1大匙

做法

将炒好的炒饭放上1大匙培根酱即完成。

西蓝花饭营养成分

1人分量 215克	总糖分	总热量	膳食纤维	蛋白质	脂肪
	6.8克	86卡	4.3克	4.8克	3.1克

小贴士

培根酱从冰箱取出后，只要用干净的汤匙挖出要食用的分量，用微波加热即可。如果从冷冻室中取出，同样只要增加微波加热的时间就能食用。

焗烤土豆佐培根酱

美式经典的焗烤土豆，在土豆里放入酸奶，搭配着放在上面的培根酱，

一口咬下去，无比满足的浓郁滋味在嘴巴里回味，是一道令人难以抗拒的前菜或点心。

| 1人分量 430克 | ½份糖分29.1克 总糖分58.1克 | ½份热量265.4卡 总热量530.8卡 | 膳食纤维 4.1克 | 蛋白质 14.1克 | 脂肪 24.8克 |

食材（1人份）

土豆1个
黄油15克
酸奶70克
培根酱50克
现磨黑胡椒适量
现磨玫瑰盐适量

做法

1. 将整个土豆洗净用牙签均匀戳洞，用开水小火煮10分钟。

2. 将土豆取出从中间划开（不要切断）放入黄油，撒上现磨黑胡椒及玫瑰盐，送进烤箱内烤15分钟（至土豆松软）。

3. 在土豆划开处放入酸奶，再放上培根酱，即可享用。

小贴士

烤整个土豆要选择深褐色的较松软好吃。

更多变化

生酮
可食

培根酱佐抱子甘蓝

抱子甘蓝是欧美常吃的一种蔬菜，小小的一颗颗模样十分讨喜，

但由于抱子甘蓝本身特有的一种微微苦味，不是每个人都喜欢。

抱子甘蓝很耐烤，只要加入黄油，再配上自制的培根酱，就很美味！

1人分量 152.5克	总糖分 5.7克	总热量 159.4卡	膳食纤维 1.4克	蛋白质 3.1克	脂肪 13.8克

食材（2人份）

抱子甘蓝250克
橄榄油15克
黄油10克
蒜末10克
自制培根酱20克
现磨黑胡椒少许
现磨玫瑰盐少许

做法

1. 在烤盘上均匀地刷上橄榄油，放入抱子甘蓝及蒜末，再放上黄油，撒上些许的现磨黑胡椒及玫瑰盐。

2. 烤箱190℃预热10分钟，盖上锡箔纸烤10分钟。

3. 将锡箔纸拿掉，放上培根酱，再烤10分钟即可。

小贴士

盖上锡箔纸可加速孢子甘蓝烹调的时间，拿掉锡箔纸再烘烤能使表面带点焦香，更好吃！

培根蛋黄意大利面

培根蛋黄意大利面单纯使用培根，简单的滋味令人念念不忘！

浓厚的酱汁重点在于蛋黄的使用，只要添加新鲜的帕玛森奶酪，

就能更突显这道料理的口感，不妨试试看。

1人分量 470克	¼份糖分22.1克 总糖分88.5克	¼份热量339.7卡 总热量1358.6卡	膳食纤维 4.3克	蛋白质 58.3克	脂肪 84.1克

食材（1人份）

培根3片
现磨新鲜帕玛森奶酪50克
蛋黄2个
黑胡椒10克
酸奶20克
意大利面225克（生酮饮食请改为魔芋面）
橄榄油1大匙
盐1茶匙

做法

1. 将蛋黄、帕玛森奶酪与黑胡椒混合均匀。

2. 将培根块炒至出油，不要炒到变焦或变硬。

3. 转小火，将混合好的蛋黄倒入与培根一起快速搅拌均匀。熄火，再加入酸奶拌匀。

4. 准备一锅煮开的水，倒入橄榄油和盐，将意大利面煮约8分钟（视意大利面上的包装而定）。

5. 将煮好的意大利面倒入酱料中混合均匀，食用前再撒上适量帕玛森奶酪。

小贴士

使用新鲜的蛋黄来作为浓稠酱汁的主角，若想要较顺滑的口感可加入一勺煮面水。

生酮版营养成分

1人分量	总糖分	总热量	膳食纤维	蛋白质	脂肪
470克	9.3克	1000.3卡	12.2克	43克	82.7克

火腿松茸沙拉

松茸用黄油炒过增添了丰富的香气韵味，

搭配小巧可爱的樱桃萝卜，不仅健康还十分讨喜！

火腿则是一般早餐会使用的食材，备料一点也不麻烦！

1人分量 475克	½份糖分19.7克 总糖分39.3克	½份热量216.3卡 总热量432.6卡	膳食纤维 7.4克	蛋白质 10.8克	脂肪 13.8克

食材（1人份）

罗马生菜150克

法式油醋芥末籽酱50克

松茸约200克

火腿2片

蒜末5克

黄油15克

樱桃萝卜40克

现磨黑胡椒适量

做法

1. 将尾端切除的松茸菇清洗干净，在平底锅内放入黄油及蒜末炒香后，倒入松茸炒至收干并撒上现磨黑胡椒。

2. 将炒好的松茸与火腿丝拌匀。

3. 将松茸与火腿丝加入生菜中，再放进樱桃萝卜片，食用前淋上法式油醋芥末籽酱汁即成。

小贴士

用黄油炒过的松茸很适合与生菜沙拉一起搭配，要将酱汁收干，口感才会好！

火腿料理

库克太太

在巴黎的餐馆里有一款非常普遍的早午餐三明治：Croque Monsieur。

Croque可以翻译成"香脆"，Monsieur则是"先生"，指的是烤奶酪火腿三明治；

Croque Madame，烤奶酪火腿三明治加荷包蛋，中文译为库克太太。

这道料理做法非常简单，味道又好，饱腹感十足！

1人分量 220克	½份糖分15.7克 总糖分31.3克	½份热量242.2卡 总热量484.4卡	膳食纤维 1.4克	蛋白质 24.9克	脂肪 26.3克

食材（1人份）

吐司2片
自制白酱30克（做法请见156页）
法式油醋芥末籽酱15克
鸡蛋1个
哈瓦蒂奶酪2片
火腿2片
现磨黑胡椒少许
生菜适量

做法

1. 将奶酪放在吐司上面，放入小烤箱烘烤3分钟。

2. 将火腿煎熟。

3. 接着将鸡蛋的一面煎熟（切记蛋黄不要熟）。

4. 取一片烤好的奶酪吐司，放上一片火腿，抹上法式油醋芥末籽酱，再抹上加热后的白酱，放一片生菜（重复两次）。将另一片正面是奶酪的吐司，其反面盖上已铺好料的吐司，将太阳蛋放在奶酪上面即完成。

小贴士

法国巴黎的餐馆会使用法国大圆形的硬皮面包，奶酪的部分会用格鲁耶尔奶酪，火腿则会使
用薄片生火腿。

酸奶热狗酱佐墨西哥玉米片

放假的夜晚总是希望能轻松来点放纵的宵夜，

用热狗做的蘸酱，有饱腹感，酸奶与小葱爽口不腻，

搭配墨西哥玉米片，再来杯自己喜欢的饮品，减肥的事明天再开始吧。

1人分量 180克	½份糖分18.9克 总糖分37.8克	½份热量271.6卡 总热量543.1卡	膳食纤维 1.6克	蛋白质 13.4克	脂肪 36.6克

食材（2人份）

德式烟熏热狗2条
番茄酱30克
酸奶80克
小葱20克
墨西哥玉米片100克

做法

1. 将热狗切成小块放入锅内炒至出油。

2. 将番茄酱倒入锅内炒至呈现没有水分的状态。

3. 将炒好的热狗、酸奶与青葱搅拌均匀，搭配墨西哥玉米片即可享用。

小贴士

炒好的热狗可先放置盘上晾凉，再与酸奶和小葱混合，口感较好。

德式香肠卷饼

德式香肠带有一点烟熏味，夹在墨西哥饼皮里味道很和谐！

墨西哥饼皮有很多种卷法，最常用的方式是夹入喜欢的食材，

无论是外带当早餐，或是野餐时携带出去，既美观又美味！

1人分量 189克	总糖分 23克	总热量 416.1卡	膳食纤维 1.1克	蛋白质 13.4克	脂肪 29.3克

食材（1人份）

德式香肠1根
墨西哥饼皮1片
小黄瓜片20克
西红柿片20克
洋葱丝20克
牛油果柠檬蒜味沙拉酱10克
蛋黄酱5克
芥末酱5克

做法

1. 烤箱180℃预热5分钟，将冷冻的德式香肠放入烤箱烤至18分钟时，将墨西哥饼皮放入一起烤2分钟，再一同取出。

2. 准备一张烘焙纸，放上烤好的墨西哥饼皮，将洋葱丝均匀放在一半的饼皮上，再放上小黄瓜片、西红柿片，并将酱料混合均匀淋上，最后放上德式香肠。

3. 将有馅料的那侧往内卷至快到尾端时，将底部折起，再往内一同折起（防止馅料掉出）。

4. 将烘焙纸包裹好已完成的德式香肠卷饼，将底部的烘焙纸折起，再紧密地包裹好。

5. 绑上棉绳固定即完成。

墨西哥饼皮

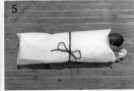

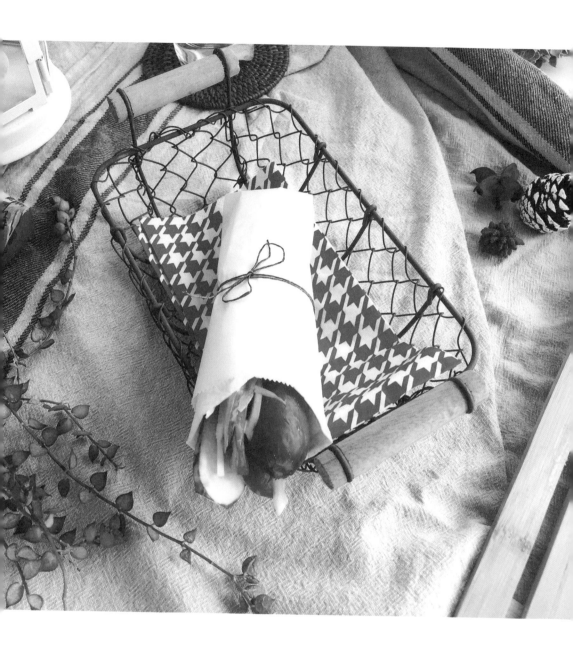

牛油果柠檬蒜味沙拉酱在加入蛋黄酱与芥末酱后，配上德式香肠，微呛的洋葱丝，出乎意料的好吃！

腊肠奶酪薄饼

倘若是假日想来点解馋又能有饱腹感的轻食，薄饼是再适合不过了！

无论是大人还是小孩都喜欢披萨，利用现成的墨西哥饼皮，

就能做出超好吃的腊肠奶酪薄饼披萨，主妇们一定要试试！

1人分量 110克	50克糖分12克 总糖分26.5克	50克热量121.7卡 总热量267.7卡	膳食纤维 1.8克	蛋白质 13.4克	脂肪 11.4克

食材（2人份）

墨西哥饼皮2片
腊肠7片
番茄酱50克
奶酪丝50克
甜椒少许
蒙特利尔香料10克

做法

1. 将香料与番茄酱搅拌均匀。

2. 将墨西哥饼皮重叠放置，均匀抹上已混合好的酱料。

3. 均匀地放上甜椒、腊肠，再撒上奶酪丝。

4. 烤箱220℃预热10分钟，将奶酪薄饼放入烤箱上层烘烤5～8分钟。

5. 只要奶酪融化即完成。

小贴士

使用两片墨西哥饼皮重叠能避免饼皮烤焦，增加厚度，吃起来口感较好！

腊肠料理

萨拉米小菜

超简单的食材搭配，当派对的开胃菜或是夜晚下酒的小菜都很适合！
连生酮饮食都能享用，绝对是你想吃零食时的好朋友。

总分量 105克	总糖分 1.7克	总热量 318卡	膳食纤维 0克	蛋白质 19.5克	脂肪 25.9克

食材（2人份）

腊肠8片
奶酪125克
腌渍橄榄8颗

做法

1. 将奶酪切成约4厘米大小、1厘米厚度，共8块。
2. 用黄油将奶酪双面煎至金黄。
3. 将奶酪放在腊肠上面，再用牙签插进橄榄、奶酪与腊肠固定即完成。

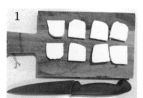

1

2

3

第四章

水果、蔬菜料理

蔬菜、水果

市场和超市里的水果和蔬菜的种类非常多，无论是黄柠檬还是蓝莓，还有新鲜覆盆子，罗马生菜、各种菇类，以及季节性的进口水果，都很容易买到。以下介绍一些常见的蔬菜和水果。

洋葱

洋葱如果买来一次用不完，可以冷藏保存；或做成洋葱酱，炖汤都可以大量使用。

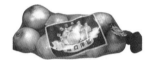

生菜

罗马生菜产地不同，口感也有差别，无论是运用在沙拉或夹在三明治中都非常好吃！

土豆

土豆的品种多，个头较大、表皮呈深褐色的，就是淀粉含量高的土豆，最适合用来料理土豆泥或焗烤整个土豆，质地绵密柔顺。而一般我们常见到的中等大小的黄皮土豆，淀粉含量较低，与乳制品不易融合，但在料理时较能维持原形，适用在炖煮或薯条等用途上。另外也有小个头的红皮和黄皮的迷你土豆，适合与肉制品一起烘烤。

 美国土豆

 澳大利亚白玉土豆

抱子甘蓝

抱子甘蓝是一种在欧美料理中常见的蔬菜，外观小巧可爱，本身带有一点苦味，但含有大量的维生素及膳食纤维，适合加上黄油运用在炒或烤的料理上。

黄柠檬

黄柠檬买来后，只要封好口放于冰箱冷藏，可保存约3个星期。如果吃不完，还可做成蜂蜜柠檬或腌渍柠檬。

新鲜蓝莓、覆盆子

蓝莓、覆盆子是现在较常见的水果，无论是直接食用或是运用在烘焙上，品质与味道都十分出色！若购买后吃不完可密封起来放置于冰箱冷冻保存

苹果

苹果是很常见的水果，有很多品种可供选择。

茂谷柑

茂谷柑属于季节性限定商品，小小一个，皮薄肉甜多汁，很适合野餐或当孩子们的加餐水果。

华尔道夫沙拉

经典的华尔道夫沙拉

使用了新鲜的苹果、葡萄干、核桃、西芹，佐以蛋黄酱为基底，

非常适合炎热的夏天。

这里将佐以蛋黄酱为基底改为无糖酸奶，更为健康清爽！

| 1人分量 640克 | ⅓份糖分21.1克 总糖分63.4克 | ⅓份热量188.7卡 总热量566.1卡 | 膳食纤维 9.5克 | 蛋白质 15克 | 脂肪 26.9克 |

食材（1人份）

无糖酸奶180克
西芹180克
苹果1个
柠檬1个
蜂蜜10克
核桃30克
葡萄干30克
新鲜薄荷叶少许

做法

1. 西芹洗净后，去除较粗的表皮纤维后，斜切成粗段。

2. 将处理好的西芹放入煮沸的开水中烫一下。

3. 将苹果块放进已加入柠檬汁的冰水中，将烫好的西芹也一并放入，冰镇10分钟。

4. 彻底沥干苹果与西芹。

5. 将酸奶、蜂蜜、核桃、葡萄干混合均匀。

6. 将沥干的苹果与西芹拌入已混合好的酸奶中，再撒上新鲜薄荷叶装饰即可。

小贴士

西芹去除较粗的表皮纤维后，放入煮沸的开水中烫一下，能去除西芹本身的生味，随即放入含有柠檬汁的冰块水中冰镇，能让西芹更显翠绿！

法式焦糖肉桂烤苹果

法国的家常下午茶点心，烤过的苹果与焦糖和肉桂甜蜜融合，

再配上一个冰激凌球，冷热相互碰撞的味蕾滋味，非常迷人！

喜欢蜂蜜或枫糖的人可以加在苹果中间，来取代糖。

也可随个人喜好加入白兰地或君度橙酒！

1人分量 330克	¼份糖分18.8克 总糖分75.3克	¼份热量109.7卡 总热量438.8卡	膳食纤维 7.9克	蛋白质 3克	脂肪 12.4克

食材（1人份）

苹果1个
无盐黄油5克
红糖30克
肉桂粉5克
肉桂棒1根
香草冰激凌球1个

做法

1. 苹果洗净擦干后，在上方切一块像盖子一样，用小刀将苹果核去除（要注意不要挖到底部造成破洞）。

2. 拿细牙签将苹果均匀地插洞。

3. 将融化的黄油、红糖、肉桂粉混合均匀，塞入苹果中。

4. 将刚刚切除的苹果盖盖上，取一根肉桂棒，从中心点由上往下插入固定。

5. 放入烤箱以180℃烤约40分钟（烤得越久苹果的皮越皱，果肉越软）。

6. 将烤好的苹果刷上无盐黄油，让苹果看起来光亮，再搭配一个香草冰激凌球即可享用。

苹果尽量选择口感松软的，比较好烤熟。苹果插洞是预防高温烘烤时爆裂。

蜂蜜渍柠檬

夏天炎热时总会想来杯爽口的饮品解渴，柠檬的好处多多！

总分量 640克	20克糖分10.6克 总糖分340.5克	20克热量41.9卡 总热量1340.8卡	膳食纤维 3克	蛋白质 2.2克	脂肪 1.7克

食材

新鲜柠檬4个
蜂蜜400克（生酮饮食请改用
无糖蜂蜜）
盐适量

做法

1. 把柠檬用盐仔细清洗过后，使用餐巾纸擦干不留水分，用消毒后的刀子将柠檬切片。

2. 准备好消毒好的空瓶，将切片的柠檬一片片放入，边倒蜂蜜边放柠檬，可使柠檬片均匀地被蜂蜜包裹，直到蜂蜜盖过柠檬片，放入冰箱冷藏两天。

3. 要饮用时夹出柠檬片与适量蜂蜜于杯内，并加入冰水搅拌即可。

224

小贴士

黄柠檬的味道更加柔和，很适合拿来做蜜渍，蜂蜜本身具有防腐的效果。只要在蜜渍时，食材及器具不要有生水残留，挖取柠檬时使用干净的器具，可以让蜂蜜渍柠檬冷藏保存两个星期。

生酮版营养成分

总分量 640克	总糖分	总热量	膳食纤维	蛋白质	脂肪
	22.7克	95.9卡	3克	1.7克	1.3克

腌渍柠檬

我喜欢用天然的调味料来料理食材，腌渍柠檬其实非常容易，

无论是香港的咸柠七，或异国料理所使用的腌渍柠檬，都以同样方法制作。

如果不想食用过多添加物的调味料，腌渍柠檬是必备的料理秘籍！

总分量	20克糖分5.8克	20克热量23.2卡	膳食纤维	蛋白质	脂肪
370克	总糖分107.2克	总热量428.3卡	1.5克	0.9克	0.8克

食材

黄柠檬2个
盐150克
白糖100克（生酮饮食
可直接换成盐）

做法

1. 将柠檬用盐仔细清洗过后，使用厨房纸巾擦干，不留水分，用消毒后的刀子将柠檬均匀地切片。

2. 将糖与盐混合均匀。

3. 使用消毒法将空瓶消毒完后备用。

4. 准备好消毒后的空瓶，先放入一层混合好的盐和糖，再放一层柠檬片，以此类推，让每片柠檬都沾到盐和糖，最上面一层保证是盐和糖即可。

小贴士

1.腌渍的柠檬放在阴凉处3天就可食用，每次吃完后放入冰箱冷藏保存可达1年，风味会随着时间的推移变得更加浓厚。请切记装置的空瓶一定要消毒，每次拿取时也请用干净的器具取出，避免食物腐坏。

2.通常我会做2瓶，一瓶全盐、一瓶半糖半盐，在吃生酮饮食时就非常方便。

生酮版营养成分

总分量	总糖分	总热量	膳食纤维	蛋白质	脂肪
370克	8.2克	46.1卡	1.5克	0.9克	0.9克

洋葱酱

买回来的洋葱可以做成洋葱酱，也能搭配牛排，或夹在汉堡里。

烹调鸡肉或洋葱汤时也可以放一匙提味，滋味都会丰富起来！

总分量	10克糖分0.9克	10克热量8.4卡	膳食纤维	蛋白质	脂肪
1155克	总糖分98.4克	总热量964.7卡	16.1克	10.5克	53.7克

食材

洋葱1千克
红酒50克
巴萨米克醋20克
枫糖浆20克（生酮饮食请改用
蜂蜜代糖或枫糖浆代糖）
黄油60克
盐1茶匙
现磨黑胡椒适量

做法

1. 在锅内放入黄油，开小火煮至冒泡。

2. 倒入洋葱丝翻炒，加入盐、现磨黑胡椒，转中火，直到洋葱丝变软。

3. 加入红酒、巴萨米克醋、枫糖浆，持续翻炒约15分钟。

4. 待洋葱炒干水分即完成。

洋葱切法

洋葱皮去掉时可以发现洋葱有明显的生长纤维纹路，因料理的需求而切法不同。

如果希望在料理时能保留多一点条条分明的口感，例如沙拉、洋葱炒牛肉丝，就顺着纹路切。

如果希望料理时，洋葱能快速软化，例如洋葱酱、腌制料理时，就逆着纹路切。

如果希望在料理时还能保留洋葱的圆形，就使用保留圆形切法，例如洋葱汤。

小贴士

做好的洋葱酱可放入消毒过的密封罐保存，冷藏1个月或冷冻半年。

法式洋葱汤

1人分量 622.5克	½份糖分16.9克 总糖分33.8克	½份热量167.2卡 总热量334.3卡	膳食纤维 3克	蛋白质 6.6克	脂肪 15.7克

食材（2人份）

洋葱300克

烈酒150克

自制猪骨高汤700克（做法请见94页，也可用市售鸡高汤）

黄油30克

低筋面粉20克

自制洋葱酱30克

月桂叶2片

蒜5克

吐司2片

切达奶酪适量

做法

1. 开中火，在锅内放入黄油，直到黄油完全融化且冒泡时倒入蒜末及洋葱圈。

2. 将洋葱翻炒至变软，放入洋葱酱及月桂叶继续翻炒至洋葱呈现金黄色。

3. 加入面粉翻炒至完全没有面粉的生味，再倒入烈酒翻煮至沸腾。

4. 加入高汤煮至沸腾时，转小火炖煮约40分钟。

5. 将吐司条直接放入烤箱以180℃烘烤20分钟（中间需翻面一次）。

6. 将洋葱汤盛入烤碗里约八分满，放上吐司条，再放上适量的切达奶酪丝，放入烤箱内以200℃烤8分钟即可享用。

小贴士

1.如果没有做洋葱酱，可以在炒洋葱时直接加入盐1茶匙、糖½茶匙、巴萨米克醋5毫升。

2.烈酒的选择可以尽量挑选有果香味偏甜的。

3.如果买不到法国长棍，也可用冷冻的吐司面包切成条状，放入烤箱以180℃烘烤20分钟（中间需翻面一次）。面包条切成丁的话，也可以加在沙拉中，很方便。

经典土豆泥

经典土豆泥，搭配牛排时可淋上肉汁一起吃；

吃不完的土豆泥还可做成可乐饼，也可以当早餐的薯泥沙拉夹在面包里，

大人小孩都喜欢，做法又非常简单，一定要试试！

1人分量 288.3克	½份糖分15.6克 总糖分31.2克	½份热量119.6卡 总热量239.2卡	膳食纤维 1.6克	蛋白质 3.3克	脂肪 10.7克

食材（4人份）

去皮土豆500克
水500毫升
淡奶油70克
牛奶50克
黄油30克
盐½茶匙
现磨黑胡椒适量
现磨玫瑰盐适量

做法

1. 将去皮的土豆切块后，加入水，开大火煮沸。

2. 水开后将表面浮出的白色土豆淀粉杂质捞出，并加入盐，盖上锅盖转小火煮至土豆软烂。

3. 确认土豆无多余的水分后，即可出锅。

4. 将黄油和土豆混合均匀，搅拌至黄油完全融化。

5. 将淡奶油、牛奶倒入土豆中，搅拌至完全没有颗粒。

6. 加入适量的现磨黑胡椒及玫瑰盐即可。

小贴士

加入淡奶油，是让土豆泥绵密好吃的秘诀。如果想要更绵密的土豆泥，在煮熟后可使用电动打蛋器搅拌。

日式土豆可乐饼

吃不完的土豆泥就来做成土豆可乐饼吧！

炸好放凉后也可直接放入密封盒中，冷冻保存，

要吃的时候再使用烤箱复烤，是完美的配菜料理！

1人分量	总糖分	总热量	膳食纤维	蛋白质	脂肪
73.3克	14.8克	95.6卡	0.9克	3.9克	1.8克

食材（6人份）

熟土豆泥300克
中筋面粉30克
鸡蛋1个
面包糠50克

做法

1. 将土豆泥捏成50克的小球。

2. 捏好后均匀地蘸上面粉。

3. 将蘸好面粉的土豆可乐饼均匀的裹上蛋液。

4. 将裹好蛋液的土豆可乐饼沾上面包糠。

5. 使用筷子确认油温后，将土豆可乐饼放入油锅内炸至双面金黄即完成。

6. 将炸好的土豆可乐饼静置于烤架上，沥油后即可享用。

小贴士

1.建议在下油锅前可先放置在冰箱中冷藏1小时，利于塑形，也可放冷冻室保存。
2.要油炸前不需解冻，炸好的土豆可乐饼放凉后，放密封盒中可以冷冻保存1个月。

芋头料理

蜜芋头

买回来的芋头配上热热的红豆汤或是冰牛奶都超级好吃！

| 1人分量 122.5克 | ½份糖分22.1克 总糖分44.1克 | ½份热量106卡 总热量212卡 | 膳食纤维 2.3克 | 蛋白质 2.5克 | 脂肪 1.1克 |

食材（4人份）

水350克
芋头块400克
冰糖80克
白兰地10克

做法

1. 将芋头块清洗一下放入锅内，加入水没过芋头即可。

2. 将冰糖均匀地撒在芋头上，开大火煮至水沸腾时，盖上锅盖转小火煮30分钟（煮15分钟时可打开锅盖将芋头翻面一次）。

3. 煮好后均匀地倒入白兰地，30秒后熄火，再盖上锅盖闷半小时即完成。

4. 煮好的蜜芋头可以放置密封盒内保存，冷藏保存5～7天。

小贴士

1.芋头如果买回来自己处理，请一定戴手套，避免皮肤直接接触后过敏发痒。

2.加入酒是让芋头绵密的秘诀，如果要给小朋友吃的话，建议可以在加酒的时候，调为中小火，让酒精挥发掉即可。

3.酒也可以换成米酒或威士忌，各有不同风味。

自制芋圆

如果一次煮了较大量的蜜芋头，可以拿来做成好吃的芋圆！

做好后只需放入密封盒内，冷冻可保存 3 个月。

1人分量 125克	¼份糖分14.5克 总糖分58克	¼份热量65.3卡 总热量261.1卡	膳食纤维 1.9克	蛋白质 2.1克	脂肪 0.9克

食材（4人份）

蜜芋头400克（做法见236页）
木薯粉100克

做法

1. 将蜜芋头放置碗内，倒入一半的木薯粉。

2. 将蜜芋头和木薯粉混合。

3. 分次加入木薯粉直到可以成型。

4. 将可捏成形的芋头团放在案板上，捏成长条状，再分切为小块（旁边可准备一碗木薯粉，若太粘手时可备用）。

5. 做好的芋圆裹上些许木薯粉可防止粘连在一起，放入密封盒中冷冻保存。

小贴士

1.使用淀粉、红薯粉、糯米粉一样能成形，做出来的口感会有所不同。
2.也可以同时准备红薯泥做成红薯芋圆，而红薯本身的甜度不需另外加糖，只需将红薯蒸
　熟压成泥即可。

第五章

面包与贝果、奶酪料理

面包与贝果

　　超市的面包制品非常多样化，除了常见的吐司外，还有马芬堡、人气商品贝果、大小可颂、小圆面包、法式乡村面包、墨西哥饼皮、季节性甜点、饼干、蛋糕，应有尽有。但是面包类制品的保存期限都只有2天，对于小家庭来说，实在很难下手！该如何保存呢？

　　面包的保存: 吐司、贝果、可颂、小圆面包（未调理过的面包），皆可适量分装密封好，冷冻保存2星期，且不要和生肉品、海鲜类存放一起，避免面包吸味。生熟食建议分开冷冻保存，才会减少食品安全的隐患。

法式柠檬乳酪可颂

法式迷你菠萝酥

菠萝黄油泡芙

法国迷你可颂

法国可颂

柑橘玛德琳

餐包

义美马芬堡

维也纳牛奶餐包

1 冷藏保存

冷藏保存的面包建议2日内食用完，原因在于面粉类制品的淀粉质在2日就会老化（包含制作当天），而冷藏的时间越久，面包就会越干。要回烤前，可先将面包由冷藏取出，室温放置15～20分钟，再在面包上喷点水，送入小烤箱烤3～5分钟即可（根据面包种类调整）。

2 冷冻保存

面包类在冰箱冷冻保存，能减缓淀粉老化的问题，可适量分装，要食用前可先将面包从冷冻室取出，放置室温解冻，在表面喷水再放入烤箱内烘烤即可（视面包种类）。

美味关键

冷冻后的面包可在室温中自然解冻，或直接设定烤箱温度110℃，在面包表面喷水后，直接放进烤箱烘烤10分钟即可享用。

核桃葡萄面包

草莓果酱佐花生酱贝果

这是我最喜欢的搭配组合，有时候来不及吃早餐，

草莓果酱和花生酱抹一抹，快速又美味，

再配上一杯热的黑咖啡，足以让人忘却烦恼，一定要试试看！

1人分量 210克	¼份糖分21.2克 总糖分84.8克	¼份热量184.9卡 总热量739.4卡	膳食纤维 10.6克	蛋白质 23.2克	脂肪 29.4克

食材（1人份）

原味贝果1个
花生酱50克
草莓酱50克

做法

1. 将冷冻室中的贝果取出放置室温，对半切开，喷点水。

2. 预热烤箱180℃ 10分钟，放入贝果烤10分钟。

3. 取一半贝果抹上草莓果酱，另一半贝果抹上花生酱。

4. 两半贝果合起来即可享用。

小贴士

1.面包类制品在冷藏室保存都会使面包水分流失，应尽早食用完毕。

2.如果不是夹馅儿类面包或夹肉类面包，可以直接冷冻保存，取出时只需喷点水，就能拥有
　刚出炉的口感！

火腿牛油果贝果

| 1人分量 390克 | ¼份糖分18.6克 总糖分74.3克 | ¼份热量175.5卡 总热量701.8卡 | 膳食纤维 9.7克 | 蛋白质 18.5克 | 脂肪 32.7克 |

食材（1人份）

原味贝果1个
牛油果半个
哈瓦蒂奶酪1片
火腿1片
牛油果柠檬蒜味沙拉酱1大匙
现磨黑胡椒适量
生菜25克

做法

1. 贝果对半切开，在表面喷点水再放入烤箱烘烤，就会有刚出炉的口感。

2. 预热烤箱180℃ 10分钟，放入贝果烤10分钟。

3. 将火腿煎熟。

4. 火腿煎熟后熄火，放上哈瓦蒂奶酪。

5. 将火腿及奶酪放在一半贝果上，另一半贝果放上生菜，再放切片的牛油果，淋上牛油果柠檬蒜味沙拉酱，再撒上现磨黑胡椒即完成。

小贴士

哈瓦蒂奶酪味道不会太重，容易融化，非常适合加在吐司及面包中。牛油果柠檬蒜味沙拉酱除了可以当生菜沙拉的佐酱外，也能拿来做腌制肉品的酱料！

香蕉巧克力榛果可颂

第一次认识Nutella榛果可可酱，是在法国时看到朋友拿着汤匙挖来吃，

心想也太夸张了吧！竟然直接在吃巧克力酱吗？

试了之后我才知道原来这世界上有这么好吃的榛果可可酱！

如果想偶尔放纵自己一下，不妨配上可颂面包，夹着满满的可可酱，

再放上香蕉片，这邪恶的滋味绝对值得！

1人分量 173克	½份糖分28.8克 总糖分57.5克	½份热量218卡 总热量436卡	膳食纤维 2.8克	蛋白质 6.5克	脂肪 20克

食材（1人份）

可颂面包1个
Nutella榛果可可酱适量
香蕉1根

做法

1. 将可颂对半切开，表面喷点水，再放入烤箱烘烤一下。

2. 在烤好的可颂上抹上Nutella榛果可可酱。

3. 将香蕉放在一半的可颂上，再放上另一半可颂即可享用。

小贴士

Nutella榛果可可酱放阴凉处保存即可，不用冷藏。

薯泥可颂

吃不完的薯泥做成可乐饼外，拿来当早餐的馅料最好不过了！

薯泥里面可添加各式对小朋友有营养的蔬菜，

而小孩不知不觉的吃下肚就是妈妈最满心欢喜的事了！

1人分量 178克	½份糖分18.5克 总糖分37克	½份热量206卡 总热量412卡	膳食纤维 2.8克	蛋白质 6.4克	脂肪 25.3克

食材（1人份）

可颂面包1个
煮好的薯泥50克
水煮胡萝卜10克（切碎）
蛋黄酱15克
生菜25克
西红柿2片

做法

1. 将胡萝卜与蛋黄酱、薯泥搅拌均匀。

2. 将可颂对半切开，在烤好的可颂上放上生菜、西红柿片，再放上薯泥。

3. 将另一半可颂盖起来即完成。

小贴士

做好要马上食用，以免蛋黄酱变质，可颂软掉会影响口感。
可颂面包可放冷冻室保存1个月。

奶酪

本书食谱所使用到的酸鲜黄油（Sour Cream）和马斯卡彭乳酪（Mascarpone），在一些超市可以买到，是进行生酮饮食的人最好的选择！

这里我们介绍一些在本书中所使用到的奶酪制品，让大家在购买时能够更得心应手！

酸奶油

适合应用在任何料理中，质地介于酸奶与鲜黄油之间，较鲜黄油口感微酸，搭配鱼料理，或做成蘸酱、烘焙都很实用，也是生酮饮食的好选择。请冷藏保存，并于开封后的期限内使用完毕。

酸奶油

马苏里拉干酪切片

马苏里拉干酪切片可适用于烘烤比萨时放在上面，或直接搭配西红柿与新鲜罗勒叶，淋上橄榄油与巴萨米克醋一同食用，也可放在沙拉内。请冷藏保存，并于开封后的期限内使用完毕。

马苏里拉干酪切片

布里干酪

　　布里干酪可直接搭配面包食用，口感柔顺奶味浓郁，使用在浓汤或意大利面上都很适合；也可耐高温烘烤，是咸派或派对料理上的好食材。请冷藏保存，并于一星期内使用完毕。

布里干酪

淡奶油

　　淡奶油除了可以运用在烘焙上，还可在一般料理中，实用性很高！注意开封后只能存放冰箱保存3天，如果没用完的话可冷冻保存，但之后只能使用在一般制作意大利面或浓汤等料理中，不适合再拿来用于烘焙所需的打发淡奶油。

淡奶油

传统香草油渍费塔干酪

　　传统香草油渍费塔干酪是希腊知名的奶酪，含羊奶成分，由于本身咸度较高，适合直接拌在沙拉中食用，或可当开胃菜，搭配红白酒一同享用；与意大利面混合做成冷面沙拉，风味也非常好吃！请密封好送入冰箱冷藏保存，于保存期限内食用完毕。

传统香草油渍费塔干酪

马斯卡彭乳酪

　　马斯卡彭乳酪的口感柔顺，质地纯白绵密，能与甜咸的食材搭配，风味绝佳，是意大利提拉米苏中不可或缺的重要主角。或是可以拿来制作抹酱，混合青酱涂抹在法国长棍上烘烤；或像一般人不敢吃的蓝芝士，也可和马斯卡彭乳酪混合，滋味非常好呢！或是添加核果与葡萄干类，放置冰箱一晚，让马斯卡彭乳酪吸取核果香气后，作为小点的佐料抹酱，都非常迷人！请密封好送入冰箱冷藏保存，于保存期限内食用完毕。

马斯卡彭乳酪

哈伐第切片干酪

　　哈伐第切片干酪是夹在三明治中最搭的万用奶酪，口感有浓郁的奶香，但却是风味非常温和的奶酪，放入烤箱又容易融化，可与吐司一起烘烤。在内包装里，每片奶酪间都有一张烘焙纸隔着，可以在购买回来时，先适量分装入密封袋中，标注食材名称、日期，再冷冻保存，吃完再从冷冻室中取一包移至冷藏室保存，就不会有发霉的问题。

哈伐第切片干酪

帕玛森奶酪

帕玛森奶酪是在料理中很常见的奶酪种类，属于硬质干酪，现磨撒在意大利面或生菜沙拉里，都能让平凡的食物变得美味。建议可以买整块的帕玛森奶酪，不仅风味比已磨好的罐装帕玛森奶酪好，用途也可以更广泛！只要在购买后使用消毒过的刀具，分切下来一星期的用量，用保鲜膜包好放入密封袋中，标注食材名称、日期，送入冰箱冷冻保存，食用完一份，再从冷冻室中取出一份放入冷藏室，并于一星期内用完，不要碰到水汽就不会变质。

整块帕玛森奶酪

罐装帕玛森奶酪

- -

哈罗米干酪

哈罗米干酪是一款羊乳加牛乳而制成的干酪，在印度及欧洲料理中常见。干酪质地耐热偏咸，非常适合在食用前将哈罗米干酪用平底锅干煎至两面金黄后，再与橄榄、腊肠搭配，不论是拌在沙拉中，或是与比萨同烘烤都有独特的风味，也是一款我家冰箱中的常备奶酪！请密封好送入冰箱冷藏保存，于保存期限内食用完毕。

哈罗米干酪

奶酪料理

核桃枫糖烤布里干酪

生酮
可食

常常买一块布里干酪、一根法国长棍面包、一瓶红酒，就可在草地上野餐！

搭配核桃及枫糖浆，加上水果，在法国也能作为派对的小点或餐后的甜点。

建议可以直接裹着水果享用，或是长棍面包及苏打饼干都是绝佳的选择！

1人分量 80克	总糖分 5.6克	总热量 267.4卡	膳食纤维 0.7克	蛋白质 14.2克	脂肪 21.4克

食材（2人份）

布里干酪1块
核桃20克
枫糖浆15克（生酮饮食请改用
无糖枫糖浆）

做法

1. 烤盘上放一张烘焙纸，将布里干酪放在中间。

2. 将枫糖浆倒在布里干酪上。

3. 将碎核桃均匀地撒在上面。

4. 烤箱190℃预热10分钟，烘烤10分钟即可。

小贴士

可使用蜂蜜替代枫糖浆，生酮饮食的人只需换成无糖蜂蜜或无糖枫糖浆即可。

生酮版营养成分

1人分量 80克	总糖分	总热量	膳食纤维	蛋白质	脂肪
	0.7克	248.3卡	0.7克	14.2克	21.4克

奶酪料理

派对布里

布里干酪的用途真的很广泛,由于本身的奶味十分浓郁,

又没有亚洲人所不喜欢的刺鼻奶酪味,与咸派、意大利面都很搭。

运用随手可买的酥皮,料理成点心,或外带野餐都很适合!

总分量 216克	总糖分 25.6克	总热量 770.4卡	膳食纤维 1克	蛋白质 28克	脂肪 61.7克

食材 (2人份)

法国贝乐布里干酪1盒
培根4片
市售酥皮4片
新鲜迷迭香少许
奇亚籽3克
现磨黑胡椒少许
全蛋液少许

做法

1. 将4片酥皮组合成为一个大的正方形,将布里干酪打开包装后,放于酥皮的正中央。

2. 将培根对切一半,平均的放在布里干酪的周围,并拿小刀从培根与培根中间的酥皮划一刀。

3. 再将酥皮包起培根开始卷起至布里干酪中间。

4. 使用小刀在布里干酪上方划"井"字,再将新鲜迷迭香平均插入交叉点,在酥皮上涂上蛋液,并撒上现磨黑胡椒及奇亚籽,放入已180℃预热10分钟的烤箱中烘烤17分钟即可享用。

小贴士

这里使用市售都可以买到的酥皮来制作成大酥皮较方便，酥皮可放置室温回温一下，在组合与卷起时更顺手！

马苏里拉干酪佐西红柿

马苏里拉干酪佐西红柿是道可当为前菜、开胃菜、沙拉的百搭料理，

可再配上嫩菠菜，或者是搭配芝麻叶、生菜都非常好吃！

也可放在吐司上一起进烤箱烘烤，又或者是放入鸡肉烘烤也很美味！

总分量	总糖分	总热量	膳食纤维	蛋白质	脂肪
211克	8.4克	434.5卡	0.6克	27.5克	27.2克

食材（3人份）

马苏里拉干酪 1条（453.5克）
西红柿1个
巴萨米克醋15克
初榨橄榄油15克
新鲜罗勒叶适量（切碎）

做法

1. 将马苏里拉干酪包装打开，里面是已分切好的马苏里拉干酪。

2. 将西红柿切成与马苏里拉干酪差不多的厚度大小。

3. 将切片的西红柿与马苏里拉干酪一片片交互相放，上桌时淋上初榨橄榄油及巴萨米克醋，再撒上切碎的罗勒叶即可享用。

小贴士

1.超市有已切好的马苏里拉干酪，厚度匀称，打开就能立即使用，非常方便！
2.新鲜罗勒叶也可使用整片的，视个人需求及喜好而定。

菲达奶酪甜菜根冷面

甜菜根含有丰富的营养素，而甜菜红素是天然最好的色素来源，为料理增添美丽的元素。
我喜欢染过甜菜根而呈现漂亮桃红色的意大利面，可以尝试着加进沙拉里配上羊乳酪，
或是像瑞典人喜欢做成甜菜根冷汤。

1人分量 510克	¼份糖分21.4克 总糖分85.5克	¼份热量231.8卡 总热量927.3卡	膳食纤维 7克	蛋白质 37.8克	脂肪 45.9克

食材（1人份）

甜菜根150克
意大利面225克（种类可视个人喜好）
菲达奶酪1盒
巴萨米克醋10克
黑胡椒5克
橄榄油1大匙
盐1小匙
小葱少许

做法

1. 准备一锅滚水，倒入1大匙橄榄油及1小匙盐。

2. 倒入意大利面，煮至九分熟（时间取决于意大利面的种类，可依包装上标示）。

3. 开小火，在另一锅内倒入些许橄榄油（食材外），将甜菜根稍微拌炒一下。

4. 加入意大利面一直拌炒到完全上色。

5. 熄火，加入黑胡椒一起拌炒均匀后起锅。

6. 取一大器皿，将染色的甜菜根意大利面倒入散热。待稍微冷却时加入整盒菲达奶酪及巴萨米克醋，再撒上葱花即可享用。

小贴士

意大利面的种类不拘，如果手边有羊乳酪也可以加一些进去，口感也很好！

第六章

创意料理

巴萨米克醋

法式油醋芥末籽酱

生酮
可食

夏天最喜欢吃沙拉了，市售的沙拉酱汁热量很高，
这款沙拉酱汁传承于我的法国爸爸，是百搭爽口又健康的酱汁！
只要学会这款沙拉酱汁，大多数沙拉都可以搭配得天衣无缝！

| 总分量 75克 | 总糖分 3.7克 | 总热量 435.4卡 | 膳食纤维 0克 | 蛋白质 1.1克 | 脂肪 46.7克 |

食材

巴萨米克醋1大匙
法式芥末籽酱1大匙
初榨橄榄油3大匙
沙拉食材随个人喜好加入

做法

1. 将巴萨米克醋、法式芥末籽酱、初榨橄榄油倒入碗中，比例为1:1:3，稍微搅拌。

2. 加入喜欢的沙拉食材即完成。

小贴士

喜欢吃酸的人可多加一点巴萨米克醋。法式芥末籽酱不是黄芥末酱。

巴萨米克醋饮

巴萨米克醋除了拿来料理之外，还可以做成饮料，

淋在冰激凌上，或是熬煮草莓果酱时加一点，味道的层次立即提升！

分享一款在餐厅喝到觉得不可思议的好喝冰饮，非常适合在炎热的夏天饮用！

总分量 180克	总糖分 17.6克	总热量 81.7卡	膳食纤维 0.8克	蛋白质 0克	脂肪 0克

食材（4人份）

浓缩巴萨米克醋
巴萨米克醋50克
蔗糖10克（可用二砂糖替代）

酒渍蔓越莓
冷冻蔓越莓100克
XO酒50克
蔗糖30克（可用二砂糖替代）

饮品
雪碧100毫升
浓缩巴萨米克醋10克
酒渍蔓越莓20克
柠檬皮少许
冰块50克

做法

1. 将浓缩巴萨米克醋的食材倒入锅中，开小火搅拌至糖完全溶化，微滚一下快要浓缩时立即关火（1～2分钟）。

2. 将浓缩巴萨米克醋放置容器中待降温。

3. 将酒渍蔓越莓的食材倒入锅中，开中火轻拌至糖溶化（勿压碎蔓越莓），微滚3分钟即可熄火。

4. 将酒渍蔓越莓放置已消毒的密封罐中（若没用完可放冰箱保存3个月）。

5. 在玻璃杯中放入冰块、蔓越莓、柠檬皮，再倒入一点的浓缩巴萨米克醋，再加入雪碧（巴萨米克醋可以自己斟酌分量）。

小贴士

1.熬煮浓缩巴萨米克醋的时间不宜太久，不然变冷时会凝固无法流动。
2.在切柠檬皮时勿削到白肉部分，不然会有微苦口感。

奇亚籽

奇亚籽柠檬健康饮

奇亚籽又称鼠尾草籽，在欧美有许多明星拿来当作维持身材的好帮手！

奇亚籽并不具有减肥的疗效，但是因为能为身体带来充分的饱足感，

所以当然就不会吃太多东西。有时我在晚餐喝一杯奇亚籽柠檬健康饮，

隔天早上起床不仅排便顺畅，晚餐不多吃真的会感觉比较轻快呢！

1人分量 782.5克	总糖分 13.6克	总热量 89卡	膳食纤维 3克	蛋白质 1.4克	脂肪 2.1克

食材（2人份）

奇亚籽15克
蜂蜜柠檬50克（生酮饮食请改用蜂蜜代糖）
水1500毫升

做法

1. 先将奇亚籽倒入杯中，注入少许温热的水让它膨胀。

2. 大约3分钟就可以看到奇亚籽已变得浓稠。

3. 取一玻璃瓶，注入蜂蜜柠檬水，并加入已膨胀的奇亚籽。

4. 摇晃均匀即可饮用。

小贴士

1.建议一天不要食用超过15克的奇亚籽,食用时切记要喝大量的水,不然身体反而会造成腹胀或肠梗阻的危险。

2.奇亚籽喝的时候还可以咬来咬去。奇亚籽水不一定要喝冰的,温温的也好喝!

生酮版营养成分

1人分量 782.5克	总糖分	总热量	膳食纤维	蛋白质	脂肪
	1.2克	40.3卡	3克	1.4克	2.1克

奇亚籽

奇亚籽布丁

生酮
可食

奇亚籽布丁在国外很受欢迎，毕竟低热量又是解馋的超级食物。

内容物可以依照个人喜好改为豆浆、椰奶、巧克力牛奶，

也可加入新鲜水果或是核桃类都很对味，

快来发挥想象力为自己制作一杯独一无二的奇亚籽布丁。

1人分量 120克	总糖分 6.4克	总热量 121.4卡	膳食纤维 3.8克	蛋白质 5.2克	脂肪 6.7克

食材（3人份）

布丁杯3个
奇亚籽30克
牛奶300克（生酮饮食请改
用杏仁奶）
无糖酸奶30克
果酱适量（生酮饮食可选择
无糖果酱）

做法

1. 先取100克牛奶微波加热至温热，即可倒入奇亚籽搅拌使其膨胀。

2. 将剩下的冰牛奶倒入做法1搅拌均匀后，倒进布丁杯中，放置冷藏室8小时以上。

3. 在奇亚籽布丁表面放上无糖酸奶以及果酱装饰即可。

小贴士

不论用什么饮品制作奇亚籽布丁，先将液体加热后使奇亚籽泡开，会让后续操作中比较容易凝固，而不用加更多的奇亚籽。

生酮版营养成分

1人分量 120克	总糖分	总热量	膳食纤维	蛋白质	脂肪
	1.9克	75.4卡	4.1克	2.8克	4.1克

奇亚籽酸奶水果早餐

如果习惯在家吃早餐，不妨撒上一些奇亚籽来增添饱腹感，

搭配任何喜欢的水果及无糖酸奶，只要食用后喝大量的水，

不仅能增加身体代谢，也不用担心有腹胀问题产生。

1人分量 435克	¼份糖分17.1克 总糖分68.2克	¼份热量109.7卡 总热量438.6卡	膳食纤维 14.2克	蛋白质 11.3克	脂肪 9克

食材（1人份）

水果300克
无糖酸奶80克
奇亚籽5克
早餐麦片50克

做法

1. 准备自己喜欢的水果切块，在碗中放入酸奶、水果、早餐麦片。

2. 撒上奇亚籽即可享用。

小贴士

奇亚籽不用清洗，可以直接食用，撒在早餐酸奶上如同芝麻般，只要食用后饮用大量的水就能提升饱腹感，并不会有腹胀问题。

低糖版营养成分

1人分量	总糖分	总热量	膳食纤维	蛋白质	脂肪	
435克	23克	291.9卡	15.1克	8.7克	13.1克	（麦片以酸奶取代，其中150克水果为牛油果）

根汁汽水冰激凌

经典的美国根汁汽水，有些人或许会觉得偏甜，

配上冰激凌是经典吃法，不妨试试！

1人分量	½份糖分23.3克	½份热量159.1卡	膳食纤维	蛋白质	脂肪
415克	总糖分46.5克	总热量318.2卡	0克	3.4克	7.7克

食材（1人份）

冰过的根汁汽水1瓶
香草冰激凌1球

做法

1. 将已冷冻的杯子从冰柜取出，倒入冰的根汁汽水约八分满。

2. 再放上1球香草冰激凌即可享用。

小贴士

建议使用已冰冻过的杯子来盛装，不仅可以保持低温，也可以让冰激凌不会那么快融化。

红酒炖梨

买回来的西洋梨吃不完怎么办?

如果手边有未喝完的红酒,也可变身法国餐厅里的甜点喔!

红酒炖梨在法国人的甜点中是属于一道简单好上手的料理,

我喜欢配上香草冰淇淋一起吃,你也可试看看!

1人分量 290克	½份糖分25.9克 总糖分51.7克	½份热量129.7卡 总热量259.3卡	膳食纤维 6克	蛋白质 0.8克	脂肪 0.6克

食材（4人份）

西洋梨（巴梨）4个
柳橙半个
柠檬皮
红酒400毫升
红糖30克
白糖30克
肉桂2根
丁香4粒
八角2个
柳橙皮1片
香草荚半根
盐⅛茶匙

做法

1. 将红酒倒入锅内,放入肉桂、丁香、八角、香草荚半根、柳橙汁,加些许柳橙皮、柠檬皮、红糖,小火加热约5分钟。

2. 在煮红酒的同时,将梨去皮(留梗)放入锅内,用小火炖煮10分钟直至单面上色。

3. 将梨翻面,加入盐和白糖,继续炖煮约10分钟,确认整个梨已完全上色并稍微变小即可盛盘。

4. 将锅内剩下的红酒中火煮至浓缩当淋酱,上桌时可搭配冰激凌,再加上淋酱就能享用。

小贴士

1.柳橙及柠檬在削皮屑时，注意不要削到白色的部分，以避免苦味产生，红酒只要选择普通的即可。
2.烹调梨的红酒，基本上在煮的时候酒精浓度已挥发。用半根香草荚可增添香气，橘皮与盐可带来味蕾上的层次。

生酮
可食

法式热红酒

第一次喝到法式热红酒时，是在法国东北部的斯特拉斯堡的圣诞市集。

在寒冷的天气里，喝到这杯充满香料及柑橘气息的热红酒，再美好不过了！

| 1人分量 114克 | 50克糖分11.5克 总糖分26.3克 | 50克热量59.9卡 总热量136.5卡 | 膳食纤维 1.4克 | 蛋白质 0.3克 | 脂肪 0.1克 |

食材（5人份）

红酒400毫升

糖60克（红糖、白糖、蔗糖、黑糖都可以，生酮饮食可使用赤藻糖醇）

丁香4粒

肉桂2根

八角2个

柳橙半个（生酮饮食请省略）

苹果¼个（生酮饮食请省略）

红石榴籽适量

柠檬皮

柳橙皮1片

香草荚半根

盐⅛茶匙

做法

1. 将红酒倒入锅内，放入肉桂、丁香、八角、香草荚、柳橙汁，加些许柳橙皮、柠檬皮、盐糖，用小火加热。

2. 将切块的苹果、切块的柳橙果肉半个、红石榴籽加入一起炖煮约3分钟即可饮用。

小贴士

红酒炖梨与法式热红酒可以先后进行烹煮。
在国外每一家贩售的法式热红酒都有其特色，你也可以尝试看看调配出自己喜欢的口感。

生酮版营养成分

1人分量 96克	50克糖分12.7克	50克热量42.7卡	膳食纤维	蛋白质	脂肪
	总糖分24.4克	总热量82卡	1.1克	0.2克	0.1克

马斯卡彭

蓝莓克拉芙缇

生酮
可食

1人分量	总糖分	总热量	膳食纤维	蛋白质	脂肪
80克	16.3克	122.6卡	1.1克	3.7克	8.1克

食材（4人份）

蓝莓100克
杏仁粉40克
无盐黄油10克
赤藻糖醇30克
牛奶40克
酸奶40克
鸡蛋1个

做法

1. 先将软化的黄油搅拌均匀。

2. 加入鸡蛋、牛奶、酸奶、赤藻糖醇一起搅拌均匀。

3. 加入杏仁粉搅拌至看不到粉末。

4. 加入蓝莓搅拌一下，放入已180℃预热10分钟的烤箱中烤30分钟即可。

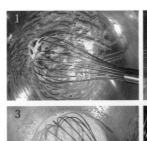

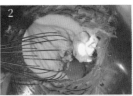

小贴士

刚烤出来的克拉芙缇会有点回缩是正常的。只要手动打蛋器就可以快速完成，不需要电动打
蛋器。

马斯卡彭

提拉米苏

意大利知名的提拉米苏，据说是在战争期间，一名妻子为了先生必须赴战，

随手取得家中仅有的食材而做的爱心甜点，也意指"带我走"的心意。

正统的提拉米苏会使用生蛋，这里因考虑食品安全问题所以省略。

生酮的提拉米苏吃起来口感较轻盈，但一样美味！

食材（4人份）

马斯卡彭奶酪250克
淡奶油100毫升
香草精10克
白兰地50克
赤藻糖醇50克
浓缩黑咖啡50毫升
贝里诗利口酒5克
无糖可可粉10克
手指饼干8条（一条5克）

做法

1. 使用电动打蛋器将淡奶油打至起泡后，加入一半的赤藻糖醇打至出现纹路，再倒入剩下的赤藻糖醇，打至拉起来会出现小弯钩即可。

2. 将马斯卡彭奶酪搅拌至顺滑。

3. 将打好的淡奶油与马斯卡彭奶酪、香草精、白兰地一起搅拌至均匀。

4. 准备两个碗，一个里面放置冰的浓缩黑咖啡与贝里诗利口酒，将手指饼干浸沾一面就放入另一个做提拉米苏的器皿中（没沾的那面朝下）。

5. 倒入一半的马斯卡彭奶酪，再重复一次动作放入手指饼干，再将剩下的马斯卡彭奶酪全部倒入。

6. 使用刮刀将马斯卡彭奶酪表面抹匀，放入冷藏4小时后，要食用前再撒上可可粉。

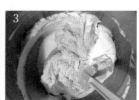

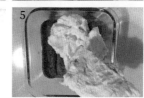

1人分量 141.3克	50克糖分8.2克 总糖分23.2克	50克热量138.7卡 总热量392.1卡	膳食纤维 0.7克	蛋白质 4.4克	脂肪 33克

1.如果不想做手指饼干，可用市售的手指饼干取代，生酮饮食不要吃饼干部分。

2.如果要用鸡尾酒杯来制作的话，淡奶油的部分可打至浓稠，放入冰箱冷藏1小时后即可享用。酒的含量很低，可视个人情况增减5毫升。

更多变化

生酮可食

手指饼干

小朋友吃生酮版的手指饼干也很好，食材单纯简单，做起来很简单，
可以和孩子一同完成，会让孩子有很大的成就感喔！

总分量 100克	50克糖分21.5克 总糖分42.6克	50克热量122.1卡 总热量244.1卡	膳食纤维 1.5克	蛋白质 10.2克	脂肪 16.9克

食材

鸡蛋1个
赤藻糖醇30克
杏仁粉30克

做法

1. 将蛋黄与蛋清分开，注意蛋清不能有蛋黄。

2. 将蛋清加入赤藻糖醇打至硬性发泡（蛋清拉起尾端呈现尖挺状）。

3. 加入蛋黄混合打至均匀。

4. 加入杏仁粉，使用刮刀轻盈的拌至看不见粉状。

5. 将面糊倒入挤花袋中，于尾端剪一个小口以利挤出。

6. 将面糊挤在烘焙纸上成长条状（尽量挤高，以避免烘烤时过度平扁）。放入已160℃预热10分钟的烤箱中，烤12分钟左右即可。

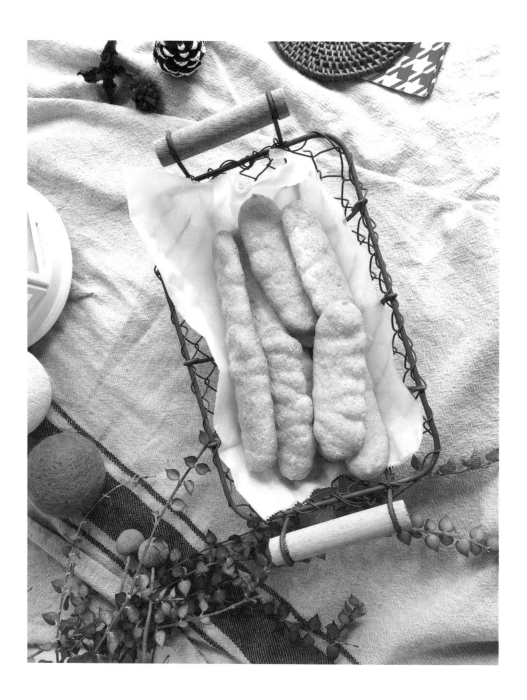

小贴士

1.蛋清一定要打发至硬性发泡才能支撑起来，才不会在烘烤时因为热度而使得过度扁平。

2.放入杏仁粉尽量轻盈的拌匀，避免蛋清过度消泡。自己做的生酮版手指饼干没有买的硬脆，不建议烘焙成蛋糕，最适合直接食用或做成鸡尾酒杯的提拉米苏。

图书在版编目（CIP）数据

轻松减糖 / 哈雪了著 . -- 北京：中国纺织出版社
有限公司，2022.7
ISBN 978-7-5180-9289-5

Ⅰ . ①轻… Ⅱ . ①哈… Ⅲ . ①食谱 Ⅳ .
① TS972.12

中国版本图书馆 CIP 数据核字（2022）第 005292 号

原书名：Costco 减糖好食提案：生酮饮食也 OK! 超人
气精选食谱的分装、保存、料理 100+
原作者名：陈盈如（哈雪了）
© 城邦文化事业股份有限公司
本著作简体字版通过四川一览文化传播广告有限公司代
理，由原著作者正式授权，同意经由城邦文化事业股份有限
公司——PCuSER 电脑人文化事业部创意市集出版社授权给
中国纺织出版社有限公司出版中文简体字版本。非经书面同
意，不得以任何方式及形式重制、转载。

著作权合同登记号：图字：01-2020-3060

责任编辑：舒文慧　责任校对：江思飞　责任印制：王艳丽

中国纺织出版社有限公司出版发行
地址：北京市朝阳区百子湾东里 A407 号楼　邮政编码：100124
销售电话：010—67004422　传真：010—87155801
http://www.c-textilep.com
中国纺织出版社天猫旗舰店
官方微博 http://weibo.com/2119887771
天津千鹤文化传播有限公司印刷　各地新华书店经销
2022 年 7 月第 1 版第 1 次印刷
开本 710×1000　1/16　印张：18
字数：181 千字　定价：68.00 元